# 墙纸墙布施工

# 百问百答

俞彬彬　詹国锋　编著

杭州 ┃ 浙江工商大学出版社
ZHEJIANG GONGSHANG UNIVERSITY PRESS

# 序 言

在墙纸墙布装修装饰行业中，很多工匠虽然看似平凡，但是他们对施工的每个环节都精益求精，正是因为这份匠心，铸就了他们的不平凡。作为一名墙纸墙布施工师傅，把墙纸墙布贴到完美是最基本的事；然而，在墙纸墙布施工过程中总会遇到一系列问题，这些问题在本书中都可以找到答案。

2015 年 7 月，嘉力丰第一本全面详解墙纸施工技术的图书《墙纸墙布施工宝典》出版，全书共计 6 个篇章，涵盖墙纸知识、墙体处理、墙基膜及胶的使用方法、墙纸施工、墙纸保养等主要内容。全篇通过大量实拍照片的形式详细讲解了墙纸施工技术，具有绝对的实用性，是墙纸施工新手学习技术的指南；由于这本书受到业内墙纸墙布施工师傅的认可与好评，2017 年 8 月第一次加印。随着墙纸墙布行业的发展、施工流程的优化及技能工艺的提升，嘉力丰第二本图书——《墙纸墙布施工百问百答》出版，本书将近几年在墙纸墙布施工过程中出现的常见问题、疑难问题等通过问答的方式进行系统性的解答与归纳，书中全面阐述墙纸墙布的标准化施工方法，力求以科学、合理的施工标准推动行业的健康良性发展！

墙纸墙布施工是装修过程中很重要的一道工序，嘉力丰学院的编者们长期从事墙纸墙布行业技术培训及施工技术研究，通过十年的努力，在全国各地举办千场培训会，与施工从业人员进行交流和分享，积累了大量的实践经验。

墙纸墙布行业的繁荣及商业生态圈的发展，需要整个行业从业人员的一致努力。本书的出版意在以共享的方式，指导和启发更多墙纸墙布施工的从业者。我们希望通过嘉力丰学院这个平台培育更多墙纸墙布施工工匠，大家互相交流、共同进步，不断提升施工技术；大力弘扬工匠精神，厚植工匠文化，使每位施工师傅成为社会上受人尊重的技术工程师。

嘉力丰　吴通明

2018 年 10 月 25 日

# 1

## 墙纸墙布施工须知:

### 墙纸墙布常识

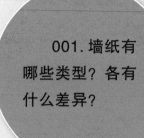

**001. 墙纸有哪些类型？各有什么差异？**

>> 解答 市面上的墙纸按材质主要分为：胶面墙纸（PVC材质）、纯纸墙纸、无纺布墙纸、天然材质墙纸、金属墙纸、纺织物墙纸等。此外，还有一些功能性墙纸。其中，胶面墙纸、纯纸墙纸和无纺布墙纸最常见，一般被看作常规墙纸。常规墙纸在市场上占据了绝对多数的份额。

**PVC胶面墙纸、纯纸墙纸和无纺布墙纸性能差异对比**

| 对比项目 | PVC胶面墙纸 | 纯纸墙纸 | 无纺布墙纸 |
|---|---|---|---|
| 工艺 | 通过在原纸上进行PVC糊料涂布形成。通过印花和压花形成纹理 | 在特殊耐热的纸上直接印花压纹而成 | 以无纺布为基材，主要成分是天然植物纤维 |
| 特点 | 防水，防潮，耐用，印花精致，压纹质感佳 | 印刷效果突出，亚光，环保，自然，舒适，有亲切感 | 触感柔软，透气性强，防静电，稳定性好，耐撞击，不收缩，不伸展，不变形，覆盖性好 |
| 触摸 | 摸起来很有塑料质感 | 底面光滑 | 墙纸底层材质柔软，蓬松，较为粗糙 |
| 看 | 印花精致，质感强 | 颜色表现力好，线条清晰，色彩丰富，亚光 | 墙纸的纤维感比较强，表面粗糙 |
| 听 | 抖动墙纸，声音比较响亮 | 抖动墙纸，声音明脆、响亮 | 抖动起来声音小 |

续　表

| 对比项目 | PVC 胶面墙纸 | 纯纸墙纸 | 无纺布墙纸 |
|---|---|---|---|
| 撕 | 遇到塑料层阻碍，比较难撕开 | 撕开来有纸的毛边 | 撕开来会有无纺纤维断层 |
| 闻 | 有塑料味道 | 没有味道 | 没有味道 |
| 整卷重量 | 较重 | 重 | 轻 |
| 折 | 折后一般看不到折痕 | 折后折痕明显 | 折后有轻微折痕 |

## 002. 胶面墙纸有什么特点？怎么识别？

>> 解答 胶面墙纸是由 PVC 表层和底面经施胶压合而成，合为一体后，再经印刷、压花、涂布等工艺生产出来的。它的结构为两层，底层是纸基，纸基层的厚薄与品质决定了墙纸的硬度和坠性。纸基可以直接影响施工中的卷边等问题。墙纸表面涂有一层无机质材料的装饰层，像强化地板的耐磨层，一般是 PVC 材质的。

优点：

a. 方便清洁打理，脏时只要用湿布轻轻擦拭就好。

b. 可以制造出许多特殊花纹，比如仿木纹、皮纹、拼花、仿瓷砖等效果，图案逼真、立体感强。

## 003. 听说胶面墙纸环保性差，是不是对人体有害？

>> 解答 由于 PVC 的分解时间较长，从环境保护的角度来说，环保性不太好，但不要因此误解了合格的 PVC 产品。目前合格的 PVC 产品已经大量使用在餐具、水杯、饮料瓶等行业，这些 PVC 材料对人体完全无害，可以放心大胆使用。

PVC 胶面墙纸

日常生活与餐饮行业大量使用 PVC 产品

环保级别高，目前在高档家居装修中也比较常见。这类墙纸表底一体，无纸基，采用直接印花套色的先进工艺。

无纺布墙纸

## 004.无纺布墙纸有什么特点？

**>> 解答** 无纺布墙纸是近年国际上最流行的新型绿色环保墙纸类型，是以棉麻等天然植物纤维经无纺成型的一种墙纸。不含任何聚氯乙烯、聚乙烯材料，燃烧时只产生二氧化碳和水，没有化工材料燃烧时产生的黑烟和刺激气味，视觉效果良好，手感柔和，透气性好。其中，以棉麻等天然植物纤维经无纺成型的，

## 005.无纺布墙纸怎么识别？

**>> 解答** 辨别无纺布墙纸技巧：
（1）摸手感：纯纸墙纸与无纺布墙纸看着比较相似，但在手感方面它们是有很大不同的，纯纸墙纸的手感会更柔软一些，皆因纯纸墙纸是采用木浆制成。
（2）有色差：采用天然材质的无纺布墙纸，可能会存在渐进的色差，属正常现象，而非产品质量问题。

（3）看价格：因为植物提取的无纺布纤维成本较高，所以天然材质的无纺布墙纸的价格也相对较高。

（4）燃烧无烟味：无纺布墙纸是以棉麻等天然植物纤维经无纺成型的一种墙纸，燃烧时只产生二氧化碳和水，无化学元素燃烧时产生的浓烈黑烟和刺激气味。

（5）撕开能看见清晰纤维：正规的无纺布墙纸，所用基材撕开后能看到有均匀的纤维露出。无纺布墙纸质量参差不齐，有的甚至用棉浆纸冒充进口无纺布墙纸，撕开后根本没有纤维。

## 006. 无纺纯墙纸有什么特点？

>> **解答** 随着墙纸行业日益发展，墙纸的品类越发丰富，无纺纯墙纸作为一个新品类墙纸出现，并发展神速。这类墙纸以无纺布为底，纯纸为面，经复合而成。既保持了无纺布底的遇水不容易膨胀、收缩的特性，又保证了在面层纯纸上做出绚丽色彩。

无纺布墙纸

**优点：**

无纺布不含任何聚氯乙烯、聚乙烯和氯元素，燃烧时只产生二氧化碳和水。

本身富有弹性，不易老化和折断，透气性和防潮性较好，擦洗后不易褪色，色彩和图案明快，特别适宜卧室装修。

**缺点：**

花色相对于纯纸来说较单一，色调较浅，以纯色或浅色系居多。

无纺纯墙纸

**007. 天然材质墙纸有什么特点？相对较多见的天然材质墙纸有哪些？**

（3）石材、细砂类墙纸。

砂岩颗粒墙纸

**>> 解答** 天然材质墙纸是一种以草、麻、木、叶等天然材料干燥后压粘于纸基上的特殊墙纸，这类墙纸因为取材的原因，环保级别高，并具有浓郁的乡土气息，自然质朴。但耐久性、防火性较弱，不适于人流较大的场合。

（1）编制类墙纸包括纸编、草编、麻编、竹编等多种子类。

麻编墙纸　　　　竹编墙纸

（2）软木、树皮类墙纸。

木皮墙纸

**008. 纺织类墙纸有什么特点？**

**>> 解答** 这类墙纸面层选用布、化纤、麻、绢、丝、绸、缎呢或薄毡等织物为原料，视觉上柔和，手感舒适，具有高雅感，有些绢、丝织物因其纤维的反光效应而显得十分秀美。

**常见的纺织类墙纸有以下种类：**

（1）纱线墙布：用不同式样的纱或线织造粘贴构成图案和色彩。自然、环保，更显室内质感。纱线墙布由特殊的纱线制成，容易清洗，可用清水轻擦，软刷轻刷，消除污点痕迹。

纱线墙布

（2）织布类墙纸：有平织布面、提花布面和无纺布面。

织布类墙纸

（3）绒布墙纸：将短织纤维植入面层，产生质感极佳的绒布效果。特别注意另有植绒墙纸，面层局部植入短织纤维，因为其特点与施工方法和绒布墙纸基本相同，特放在绒布类一并介绍。

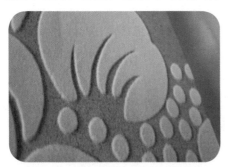

绒布类墙纸

## 009. 玻纤墙纸有什么特点？

>> **解答** 玻纤墙纸全称玻璃纤维墙纸，也称玻璃纤维墙布，是以中碱玻璃纤维为基材，表面通过压印形成立体图案的新型墙壁装饰材料。特点是环保性能好，不易翘边、不易起气泡、无异味、透气性强、不易发霉。

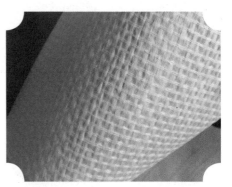

玻纤墙纸

## 010. 金属类墙纸有什么特点?

>> **解答** 金属类墙纸指用铝箔、金箔等制成的特殊墙纸,以金色、银色为主要色系。金属箔的厚度为0.006—0.025 mm。

金箔墙纸

手工银箔　　　手工金箔

## 011. 市场上有哪些比较常见的特殊功能性墙纸?各有什么特点?

>> **解答** 特殊功能性墙纸包括以下多种子类。

(1)防火墙纸:防火墙纸是用100—200 g/m² 的石棉纸做基材,同时在墙纸面层的PVC涂塑材料中掺有阻燃剂,使墙纸具有一定的防火阻燃性能。特点是防火性特佳,防火、防霉,常用于机场或公共建筑。

此类墙纸又可分为表面防火墙纸、全面防火墙纸两种。

a. 表面防火墙纸,是在塑胶涂层添加阻燃剂,底纸为普通不阻燃纸。

b. 全面防火墙纸,是表面涂料层和底纸全部采用阻燃配方的墙纸。此类墙纸在全世界的使用率较少,为1%左右。

(2)荧光墙纸:在印墨中加有荧光剂,夜间会发光,常用于娱乐空间。

(3)夜光墙纸:使用吸光印墨,白天吸收光能,在夜间发光,常用于儿童房。

夜光墙纸

（4）防菌墙纸：经过防菌处理，可防止霉菌滋长，适用于医院、病房。

（5）吸音墙纸：使用吸音材质，可防止回音，适用于剧院、音乐厅、会议中心。

（6）防静电墙纸：用于需要防静电场所，例如实验室、电脑房等。这一类墙纸在市场上的占有率较小，但因为其独特的功能性，所以一直在一些特殊场所使用，成为墙纸行业不可或缺的产品。

## 012. 墙布有哪些种类？

>> 解答 墙布分类的标准多样，根据不同的标准划分如下。

| 标　准 | 根据不同标准分为以下各类墙布 | | |
|---|---|---|---|
| 设备调制 | 传统墙布 | 无缝墙布 | |
| 制造工艺 | 提花墙布 | 刺绣墙布 | 印花墙布 |
| 染色顺序 | 染色布 | 色织布 | |
| 深加工工艺 | 涂层墙布 | 无纺墙布 | |
| 施工粘贴方式 | 冷胶墙布 | 热胶墙布 | |

（1）无纺底墙布和涂层底墙布对比。

近年来，市场上最多的是无纺底墙布，无纺底墙布由布面和无纺底复合而成，面层有印花、提花和刺绣等。无纺底墙布透气性良好，但如果产品不合格或者施工不当，容易导致胶液渗入无纺底层，甚至透到面层，造成污垢色差。涂层底墙布作为早期最常见的品类，目前市场占比较小。涂层底不透气，也不会渗胶，这类墙布经纬纱编织后再涂层，稳定性好。

（2）印花、提花和刺绣墙布各自特点分析对比。

早期，不少人根据面层布面的制花工艺来判断墙布的品质和档次，简单地认定印花墙布是低端便宜产品，刺绣墙布则是高端高价产品。近年来，市场上出现大量低端刺绣墙布，人们才感觉不对劲。在此，对这三类制花工艺做一个对比分析。

a. 印花墙布：顾名思义，通过各种工艺在底布上面进行印花，底布有亚光色底布、无纺布、麻布或者竹节纱、加捻纱织成的底布。印花工艺和提花、刺绣不是对立的，反而可以相互补充，呈现出很好的工艺水平。目前市场上已经有一些很不错的产品，这类产品在提花布上做印花。印花，可以通过圆网、平网、热转印等工艺实现，这类印花工艺难度

高，花样丰富，色彩纯正，已经不再简单低廉，反而具备了中端、高端品质。

印花工艺

b. 提花墙布：提花墙布是在生产过程中用提花机直接织造出花型，先通过对线的上下交错，交织成不同的花色，再采用复合工艺做出的墙布。提花机也分喷气机、电子龙头提花机、大剑杆等。提花工艺比较单一，肌理感细腻，色彩感相对较弱，但面层特别适合再做防污、防霉等其他深化工艺。提花工艺和墙布面层深度防污净化等工艺结合，可大大提升提花墙布的品质。正因为如此，市场上出现了大量高端提花墙布。

提花工艺

c.刺绣墙布：刺绣墙布是采用平绣、毛巾绣、贴布绣等刺绣工艺，从点、线、面立体勾勒花型，形成刺绣花型面层的墙布。刺绣墙布一出现就以中高端市场为目标，但在市场竞争过程中，出现大量低端、低品质产品。当然，优质的刺绣产品在中高端市场的地位一直存在。

刺绣工艺

## 013.纺织类墙纸和无缝墙布的区别在哪里？

>> **解答** 市场上先有纺织类墙纸，纺织类墙纸上市后一方面因为独特的视觉效果、优越的触感，受到市场的大力欢迎，另一方面拼缝显缝的问题难以解决。此后生产厂家通过改变产品规格，推出不需要拼缝的定高的纺织类墙纸，并命名为无缝墙布，以此和以往的纺织类墙纸区分开来。与此同时，纺织行业特别是窗帘布厂商大量介入，最终兴起了无缝墙布浪潮。

需要拼缝的定宽墙布和纺织类墙纸基本可以视为同一品类，不需要拼缝的墙布是纺织类墙纸的延伸和发展。两者同源，相互补充，各有特色。

| 差异性 | 纺织类墙纸 | 冷胶无缝墙布 | 热胶无缝墙布 |
|---|---|---|---|
| 缝隙处理 | 拼缝 | 无缝 | 无缝 |
| 粘贴方式 | 墙上上胶 | 墙上上胶 | 热烫机热熨 |
| 深加工工艺 | 纸底复合为主 | 无纺底复合为主 | 树脂胶底复合 |

## 014. 无缝墙布面层、底层的材质分别有哪些类型？

**>> 解答** （1）化纤墙布：化纤墙布以涤纶、腈纶、丙纶等化纤布为基材，经处理后印花而成。这种墙布具有无毒、无味、透气、防潮、耐磨、无分层等特点，适用于各类建筑的室内装修。

化纤类墙布

（2）棉纺墙布：棉纺墙布是装饰墙布之一。它是将纯棉平布经过前处理、印花、涂层制作而成的。这种墙布强度大、静电小、蠕变小、无味、无毒、吸音、花型繁多、色泽美观大方，适用于宾馆、饭店等公共建筑及较高级的民用住宅的装修。

棉纺墙布

（3）麻混墙布：麻纤维没有棉纤维那样柔软，染色和保形也不及棉纤维。因此，市场上很少见纯麻的面料，而多见棉麻混纺面料，或者涤纶和麻混纺的面料。墙布中的麻混品类，需要关注麻的保形性，采用针对性的措施，合理施工。

麻混墙布

（4）无纺布底墙布：无纺布底墙布是采用棉、麻等天然纤维或涤纶、腈纶等合成纤维，经过无纺成型、上树脂、印花而成的一种新型贴墙材料。这种墙布的特点是挺括、有弹性、不易折断、耐老化、对皮肤无刺激，而且色彩鲜艳，粘贴方便，具有一定的透气性和防潮性。

无纺布底墙布

（5）纸底墙布：由棉、毛、麻、丝等天然纤维及化学纤维制成各种色泽、花式的粗细纱或织物，再与木浆基纸贴合制成。

纸底刺绣墙布

（6）免复合墙布：这类墙布没有复合底层，通过特殊纺织工艺达到密实效果，底面可直接接触糯米胶粘贴上墙。

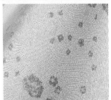

免复合墙布（无复合层墙布）

015.无缝墙布面层有哪些特殊工艺？对施工有什么影响？

>> 解答 （1）素织工艺：由素色纱线编织而成。相对于先染纱线再编织的有色织布而言，素色纱线直接编织的墙布，称之为素色墙布。因为面层素色，稍微有色差就很明显，所以要求刷胶和粘贴时要小心，不要渗胶、溢胶和透底。

素织工艺

（2）色织工艺：色织是将纱线或长丝染色后进行织布的工艺方法，有全色织和半色织之分。也称作"先染织物"，是指先将纱线或长丝染色，然后使用色纱进行织布的工艺方法。通过这种工艺制作的墙布就称为色织墙布。这类墙布正常施工即可。

色织工艺

（3）涂层工艺：涂层墙布，是一种经特殊工艺处理的墙布。涂层工艺使面料一面形成一层均匀的覆盖胶料，从而实现防水、防污等功能。涂层墙布利用溶剂或水将所需要的涂层胶粒（有 PU 胶、A/C 胶、PVC、PE 胶）等溶解成流涎状，

再以某种方式（如用圆网、刮刀或者滚筒）均匀地涂在布料上（有棉、涤纶、锦纶等基材），然后再经过烘箱内温度的固着，使面料一面形成一层均匀的覆盖胶料。这类墙布不透气也不渗胶，施工工艺相对简单，裁边也更容易。

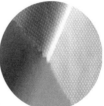

涂层工艺

（4）三防工艺：一般用提花布进行深加工，采用一些特殊工艺，达到防霉、防潮、防污染效果。这类墙布面层不容易被污染，施工和日后维护相对简单容易。

三防工艺

（5）雪尼尔工艺：雪尼尔布成分是雪尼尔纱，有粘胶雪尼尔、腈纶雪尼尔、棉雪尼尔、涤纶雪尼尔等。雪尼尔纱又称绳绒，是一种新型花式纱线，它是用两根股线做芯线，通过加捻将羽纱夹在中间纺制而成。一般有粘 / 腈、棉 / 涤、粘 / 棉、腈 / 涤、粘 / 涤等雪尼尔产品。

这种面料的优点：手感很厚实，高端大气上档次，价位适中，具有优良的悬垂性，保持垂面竖直，质感好。有一种厚实的感觉，具有高档华贵、手感柔软、绒面丰满、悬垂性好、吸水性特别好等优点。但是雪尼尔窗帘由于其材质本身的特性，会出现遇水变形并缩水现象和倒绒、乱绒现象。因此在该类墙布的施工过程中，我们务必掌握其特性，采取针对性施工。

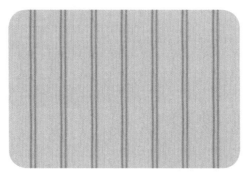

雪尼尔工艺

# 2

墙纸墙布粘贴前准备工作：

墙面处理基础技术

026 乳胶漆墙面一般怎么处理？

025 腻子墙面最好的处理方法是什么？

024 金钢型墙基膜、晶钻墙基膜有什么功效？怎么使用？

023 腻子墙面软，一摁会凹陷，怎么处理？

022 渗透型墙基膜一般有什么样的功效？怎么使用？

021 腻子墙粉化怎么处理才能贴墙纸墙布？

020 腻子墙面一般怎么处理？

019 白水泥墙面怎么处理才能贴墙纸墙布？

018 毛坯房墙面怎么处理才能贴墙纸墙布？

017 什么样的墙面适合贴墙纸墙布？

016 贴墙纸墙布为什么要处理墙面？

037 如果对环保要求比较高，用什么墙基膜？

036 对于品质较好的新腻子墙，哪些墙基膜更适用？

035 墙基膜有哪些类型，涂刷后各有什么不同？

034 市面上每一种墙基膜产品都差不多么？

033 用于处理墙面的产品有哪些？目前使用范围最广、效果最好的是什么？

032 石膏板面怎么处理才好贴墙纸墙布？

031 木基层表面怎么处理才好贴墙纸墙布？

030 受潮墙面怎么处理才好贴墙纸墙布？

029 表面光滑的墙面怎么处理才好贴墙纸墙布？

028 乳胶漆墙面涂刷墙基膜出现往下流的现象，怎么处理？

027 刷了底漆的墙面怎么处理？

## 016. 贴墙纸墙布为什么要处理墙面？

专业施工人员用两米靠尺检测墙面平整度

>> 解答 处理墙面就相当于打地基，比如建造大楼，只有地基打好，才能继续建造，否则即便建好了也是一座危楼。墙纸施工也是同样的道理，只有把墙面处理好了，才能继续施工。

（2）干燥。

用水分测量仪精准测试墙面干燥度

（3）牢固。

## 017. 什么样的墙面适合贴墙纸墙布？

施工人员正用指甲对墙面表层硬度做直接测试

>> 解答 墙面必须通过五个方面检测并处理达标，才适合粘贴墙纸墙布。这五个因素是：

（1）平整。

（4）洁净。要求墙面色泽统一、无污垢、无色差。

（5）pH 中性。墙面保持酸碱度适中，以免碱性物质溢出损害墙纸墙布。

**018. 毛坯房墙面怎么处理才能贴墙纸墙布?**

毛坯房墙面

>> **解答** 刚建成的毛坯房可用防水腻子刮平,基层结构比较结实,不用铲除,把阴阳角找直、打磨、刷墙基膜后就可粘贴墙纸墙布了。

**019. 白水泥墙面怎么处理才能贴墙纸墙布?**

>> **解答** 这种基层不适合直接粘贴,先批刮腻子、刷墙基膜,然后才能粘贴墙纸墙布。

白水泥墙面硬,不方便打磨;粗糙

腻子墙面,相对方便打磨;细腻

**020. 腻子墙面一般怎么处理?**

>> **解答** 腻子墙一般滚刷墙基膜后就可以粘贴墙纸墙布。但是具体选择什么类型的墙基膜,具体怎么涂刷让墙基膜真正起到充分作用,要取决于墙面腻子层的具体情况,根据对墙面平整度、干燥度、牢固度、洁净度和酸碱度的检测,全面做出对问题墙面的处理。(这些十分关键。具体怎么选择,选择哪一种墙基膜,接下去会逐步解答。)

## 021. 腻子墙粉化怎么处理才能贴墙纸墙布？

>> 解答 首先区分腻子墙粉化的程度，粉化到无可救药的只能铲除后重新批刮腻子；一般粉化的可以滚刷专门的渗透型的墙基膜来解决；轻微粉化的用一般类型的墙基膜便可以了。

渗透型墙基膜介绍：针对松软掉粉的墙体，渗透腻子粉到达墙体，加固腻子粉与墙体之间和腻子粉之间的牢固度。

全效渗透型墙基膜

## 022. 渗透型墙基膜一般有什么样的功效？怎么使用？

>> 解答 （1）这一类产品中，一般具备以下特性和功能：

a. 超强 EST 渗透因子，深入墙体，具有优异的附着力和防水性。

b. 增加墙体柔韧性，弥盖细微裂痕。

c. 耐磨抗划性优异。

d. 抗击性强。

e. 具有卓越的抑制粉化分层，有效抗微生物侵害。

（2）使用方法：

a. 根据墙体吸水率与施工气候环境，每升墙基膜可加入不超过原液 30% 的清水稀释，搅拌后即可施工，切勿过度稀释。

b. 干燥时间根据施工现场温度、湿度确定。在常温下，表干约需 2 小时，实干约需 24 小时。

c. 可直接涂刷、滚涂、喷涂。

（3）涂刷面积：

每升可涂刷 10—15 m²，实际涂刷面积因施工方法及表面粗糙程度变化而不同。

（4）适用范围：

适用于腻子粉墙面，轻、重钙多孔性墙面，混合砂浆墙面，石膏板、硅钙板等多种墙体基面及各种墙纸粘贴前的表面处理。针对松软掉粉的墙体使用效果更佳。

超强晶钻系列墙基膜　　　晶钻墙基膜

**024. 金钢型墙基膜、晶钻墙基膜有什么功效？怎么使用？**

**023. 腻子墙面软，一摁会凹陷，怎么处理？**

>> **解答** 这一类墙面，滚刷金钢型墙基膜或者晶钻墙基膜，加固墙面表面层后，就可以粘贴墙纸墙布了。

金钢型墙基膜：针对易裂墙体和反复更换墙纸的墙体，成膜厚，强度大，耐磨、防裂，抗击性强。

>> **解答** （1）这类墙基膜一般具备如下特性：

a. 硬度高，耐磨，抗划性强。

b. 成膜厚度高，能增加墙体柔韧性，抗裂性能强。

c. 干燥快、防潮、抗碱性强。

d. 抗击性强。

e. 防霉抗菌效果强。

（2）使用方法：

a. 根据墙体吸水率与施工气候环境，严格按照产品说明的兑水比例加清水稀释，充分搅拌后即可施工，切勿过度稀释。

b. 干燥时间根据施工现场温度、湿度确定。在常温下，表干约需 2 小时，实干约需 24 小时。

c. 可直接涂刷、滚涂、喷涂。

（3）涂刷面积：

每升可涂刷 20—25 m²，实际涂刷面积因施工方法及表面粗糙程度变化而不同。

（4）适用范围：

适用于腻子粉墙面，轻、重钙多孔性墙面，混合砂浆墙面，石膏板、硅钙板等多种墙体基面及各种墙纸粘贴前的表面处理。针对易裂墙体和反复更换墙纸的墙体使用效果更佳。

然后再滚刷晶钻类型的墙基膜或者超强晶钻类型墙基膜，解决表层软、有细微裂缝等的问题。这时对腻子墙综合问题进行处理的最好方法。

渗透 + 晶钻

超强渗透 + 超强晶钻

## 025. 腻子墙面最好的处理方法是什么？

>> 解答 一些有点粉化，又有点软的腻子墙，或者在施工师傅不能明确辨识腻子墙面的情况下，可以先滚刷渗透类型的墙基膜，解决粉化的问题，

## 026. 乳胶漆墙面一般怎么处理？

>> 解答 首先确认乳胶漆墙面有没有问题，乳胶漆墙面的问题最多出现在乳胶漆老化方面，造成乳胶漆和腻子层的剥离。如果乳胶漆墙面没问题，直接滚刷乳胶漆专用墙基膜即可。如

果乳胶漆墙面已经出现问题，应先解决该问题，才能滚刷乳胶漆专用墙基膜。乳胶漆专用墙基膜跟其他类型墙基膜相比，具备更好的和乳胶漆表面黏合的能力。

金装墙基膜：针对乳胶漆墙面，采用纳米技术，能够渗透乳胶漆，加固腻子粉与墙体和腻子粉之间的牢固度，并在表面形成坚固的保护膜。

适用于乳胶漆　　　适用于乳胶漆墙面
墙面的墙基宝　　　的超强金装墙基膜

## 027. 刷了底漆的墙面怎么处理？

**>> 解答** 底漆上可以直接粘贴墙纸墙布，但是跟墙基膜相对比，有两个弱点：一是黏合效果稍弱于墙基膜，

一些厚重型的墙纸墙布不适合使用；二是墙基膜的环保性更适合家居休闲和商务办公环境。

## 028. 乳胶漆墙面涂刷墙基膜出现往下流的现象，怎么处理？

**>> 解答** 出现流挂现象，说明该乳胶漆的封闭性比较强，这种情况要慎重对待：如果是乳胶漆旧墙，则要考虑乳胶漆层和腻子层是否已经分层；如果是乳胶漆新墙，并且品质合格，那只需要滚刷墙基膜时，用滚筒回滚即可。

针对乳胶漆新墙，建议选择更适用于乳胶漆墙面的金装墙基膜，这类墙基膜能更好地和乳胶漆层牢牢黏合。

适用于乳胶漆墙面的超强金装墙基膜

## 029. 表面光滑的墙面怎么处理才好贴墙纸墙布？

打磨用的砂纸

>> **解答** 这类墙面往往不易吸收胶水，不易干燥，黏合有问题，需要打磨使墙面相对粗糙，然后粘贴墙纸。也可以先用美工刀画十字，然后用砂纸打磨（砂纸的目数不同，打磨的效果也不同），提高效率。

## 030. 受潮墙面怎么处理才好贴墙纸墙布？

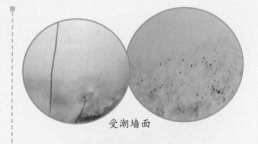

受潮墙面

>> **解答** 居室的墙面发潮，甚至发霉，这时要找出潮湿的源头。如果是防水问题，则补做或重做防水。轻微的墙面发潮，可先在墙面上涂上抗渗液，使墙面上形成无色透明的防水膜层，防止外来水分的浸入，保持墙面干燥。如果墙面已受潮，就先让受潮的墙面干燥，再在墙体上刷一层拌水泥的避水浆，起防潮作用。然后用石膏腻子填平墙面凹坑，并磨平。等腻子层干燥后滚刷墙基膜。

## 031. 木基层表面怎么处理才好贴墙纸墙布？

>> **解答** 木质表面有钉帽，先将钉帽沉于木表内，点防锈漆，然后用加胶腻子批刮，再用砂纸磨平后刷墙基膜即可粘贴。

032.石膏板面怎么处理才好贴墙纸墙布？

石膏板面

>> 解答 用防锈漆点自攻螺丝钉帽，防止生锈，后用加胶腻子满刮 2—3 遍，干燥后打磨光滑，最后滚刷墙基膜即可。

033.用于处理墙面的产品有哪些？目前使用范围最广、效果最好的是什么？

>> 解答 早期用清漆滚刷墙面，但由于清漆在环保性能上天生的弱点，环保问题一直不能很好地解决，并且清漆与腻子层的结合相对比较弱，所以近年基本上不再使用。目前市场上都用墙基膜产品来做墙面处理。墙基膜的优越性还在于其特性为水性，无刺激性气味，是当今处理墙面的主流产品。

034.市面上每一种墙基膜产品都差不多么？

>> 解答 墙基膜已经成为一个成熟的行业，不再是单一的产品。墙基膜品种众多，性能各异，分别对应处理不同的墙面问题。从业人员在具体解决墙面问题时，需要充分了解具体墙面特性，充分掌握各类墙基膜的特性，摒弃伪劣产品，并选用对应功能的墙基膜产品，否则无法合理解决墙面问题。

常规型墙基膜

渗透型墙基膜

金钢型墙基膜

超强全装墙基膜

**036.对于品质较好的新腻子墙，哪些墙基膜更适用？**

>> 解答 对于品质好的新腻子墙，常规型系列墙基膜就可以了。标准常规墙基膜和多效全护墙基膜都是针对这一类墙体的产品。

标准常规墙基膜

多效全护墙基膜

**035.墙基膜有哪些类型，涂刷后各有什么不同？**

>> 解答 目前，常见的墙基膜类型有常规型系列墙基膜，解决墙面粉化问题的渗透型系列墙基膜，解决墙面软和细微开裂的金钢型系列墙基膜，解决乳胶漆墙面面层光滑不易结合的乳胶漆专用墙基膜，强化环保功能的环保系列墙基膜，注重保健养生的高品质墙基膜等。

标准常规墙基膜和多效全护墙基膜，兑水量都在30%—70%之间。但现场具体情况明显影响墙基膜实际兑水量，根据墙体粗糙或细腻状态、吸水率、施工环境和气候，需要对兑水量做出较为准确的判断。一般说来，每升墙基膜加入30%—50%清水稀释，相对而言，效果更显著。

037. 如果对环保要求比较高，用什么墙基膜？

竹炭净味墙基膜

>> 解答 目前市场上合格的墙基膜产品都达到了国家环保标准，其中嘉力丰的主流产品更是达到欧盟标准。合格的墙基膜产品在环保要求上已经完全没有问题。

但是，房子装修期间，屋内总有一些有害气体。这便对装饰行业提出了净化室内空气、消除有害气体的高层次要求。竹炭净味墙基膜由此应运而生。竹炭净味墙基膜有大量竹炭因子，能最大程度吸附有害气体物质，达到净化的作用。

# 3

## 施工基本功之一：

### 常规墙纸施工

047 怎么贴无纺纯墙纸？

046 无纺纸墙纸贴好后，日常怎么保养？

045 怎么贴无纺纸墙纸？

044 无纺布墙纸贴好后，日常怎么保养？

043 无纺布墙纸施工有哪些注意事项？

042 怎么贴无纺布墙纸？

041 胶面墙纸贴好后，日常怎么养护？

040 为什么有些胶面墙纸贴好后严重显缝？

039 胶面墙纸施工后翘边，怎么避免？

038 怎么贴胶面墙纸？施工中有哪些注意事项？

057 纯纸墙纸贴好后，日常怎么养护？

056 纯纸墙纸施工好后为什么会出现开缝现象？

055 纯纸墙纸施工后为什么会翘边并带起墙皮？

054 纯纸墙纸闷胶多长时间合适？

053 纯纸墙纸施工后满墙气泡是什么原因？

052 纯纸墙纸施工好后为什么会有黑边？

051 为什么纯纸墙纸贴好后经常开缝？

050 纯纸墙纸施工有哪些注意事项？

049 怎么贴纯纸墙纸？

048 无纺纯墙纸贴好后，日常怎么保养？

## 038. 怎么贴胶面墙纸？

两幅纸之间，底下部分已经完全对不上花，且相距明显增大

**>> 解答** 相对其他类型墙纸来说，胶面墙纸的粘贴比较容易，处理好墙面后，刷胶，闷胶，上墙粘贴即可。同时，由于胶面墙纸材质独特的特性，粘贴时需要控制好一点：这一类墙纸有一定拉伸性，施工过程中，要注意刮板的用法和力度，避免造成墙纸局部被拉长变形，拼不上花。

## 039. 胶面墙纸施工后翘边，怎么避免？施工中有哪些注意事项？

**>> 解答** （1）墙纸胶的黏性要好，在不明显影响涂刷效率的情况下，尽量调稠。

（2）墙纸上墙拼缝时，用压轮紧缝压缝，使墙纸边缝完全粘贴、服帖。

（3）施工中和施工完毕时段，严格按照规范施工要求，关闭门窗，禁止打开空调、风扇。施工完毕需要3—5天，等墙壁、胶层和墙纸层完全干透方可打开。

两幅墙纸，上部分完全对花拼缝

两幅纸之间，第二幅纸被拉长，中间部分已经出现对不齐花现象

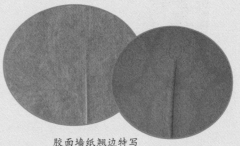

胶面墙纸翘边特写

## 040. 为什么有些胶面墙纸贴好后严重显缝？

>> **解答** 墙纸墙布行业的人都知道，作为三种常规墙纸之一的胶面墙纸（也叫PVC墙纸）比较好贴，施工速度也不算慢，最常用于工装。基本上许多新手刚开始学贴墙纸墙布，都用过这种墙纸打磨基础手艺技能。

但是，有一些PVC墙纸确实要谨慎对待，稍有不慎就会出现严重显缝问题。请看下面几种情况：

（1）深压小细纹PVC墙纸严重显缝。

现场照片

这是怎么回事？胶痕吗？确实是胶痕。

PVC墙纸不是可以擦拭表面吗？

为什么不擦拭？

施工人员也确实擦拭了，施工完毕检查看不出什么胶痕，可是过了一段时间，就成了上图的样子！问题出在哪里？

现场照片

进一步放大，可以更清楚地看明白：

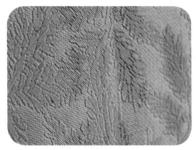

现场特写

情况清楚了，这款PVC墙纸表面并非镜面，而是有许多很细小的压纹，这些压纹中残留大量胶水，时间一久，便变成黄色的胶痕。

这些胶痕的胶是从哪来的呢？每一条垂直的胶痕，都在两幅墙纸拼缝的地方边上。这是拼缝时，墙纸胶溢出，然后擦胶造成的。

这一类PVC墙纸，细纹太细，并且压纹压得比较深，表面沾染上胶水之后，很难擦除彻底。并且，过分擦拭边缝附近，又会造成边缝容易开缝、起翘。

现场溢胶胶痕显缝

怎么解决？

既然是溢胶擦胶造成的，那么避免溢胶擦胶即可。其中最好的方法便是墙上上胶，纸背擦水。这就不是普通PVC墙纸的常规贴法了，但是针对这一类表面难以擦拭干净的压细纹墙纸，墙上上胶，纸背擦水是更好的方法。当然一些施工师傅能够完全把控纸背上胶却不溢胶，自然不需要这么费劲。

（2）面层不耐刮的PVC墙纸施工后显缝严重。有一类PVC墙纸，表面并不像看上去那样耐刮，特别是一些表面做过特殊工艺处理的PVC墙纸，使用刮板的时候一定要小心，不然比较容易刮伤刮亮表面。

面层特殊处理后不耐刮的PVC墙纸

这一类PVC墙纸表面有凹凸，手感柔和近乎仿皮，属于偏高端的PVC墙纸类型。这类墙纸其实并不太适合用刮板，用短毛刷更合适。即便要用刮板，也建议用软刮板，并且在刮板外裹上一层棉纱布，以保护墙纸面层。如果简单使用刮板代替压轮紧缝，就很容易造成刮亮边缝区域出现色差的情况。不单单这一类，普通PVC墙纸如果用刮板毫无顾忌地刮缝，也会造成边缝区域的色差，只是这一类PVC墙纸面层相对更需要保护，因为它们更容易被刮亮而产生色差。

刮伤的墙纸面在明亮的光线下更加显眼

此外，有一些面层采用特殊做花工艺的PVC墙纸，面层不再像普通PVC墙纸那样牢固，面层不但经不起刮板，还经不住海绵擦缝，有时候会出现被刮擦后掉色的情况。

墙纸被刮伤、刮亮与掉色示例

一般拿到墙纸，在粘贴之前，必须检测墙纸，这时候，应该包括检查墙纸是否掉色，以及遇到水后会不会掉色，完全确认后才好施工。如果遇水刮擦掉色，就不要让面层遇水；如果干擦也掉色，就要求用长毛刷尽量轻柔地刷墙纸面层和边缝，并且尽量采用墙上上胶的方式，规避风险，保证施工效果。

**042. 怎么贴无纺布墙纸?**

**041. 胶面墙纸贴好后，日常怎么养护?**

**>> 解答** 无纺布墙纸施工，最大的问题是溢胶擦胶造成的痕迹色差。这一类墙纸要求表面不碰触到胶和水。所以，建议采用墙上上胶、浓胶薄涂的方法来施工，力争做到不溢胶、不擦胶的完美效果。

**>> 解答** PVC 胶面墙纸因表面有一层薄薄的 PVC 涂层，在做维护保洁时相对较为简单。可先用清水擦洗，或用无色的干净湿毛巾轻轻擦拭，如有明显污渍不能清除，再选用中性清洁剂稀释后擦拭。

浓胶

PVC 胶面墙纸

刷胶偏厚

厚薄中等

墙上上胶，涂刷较薄

第二幅纸压在第一幅右边1cm左右

第二幅纸往外拉并紧缝

## 043. 无纺布墙纸施工有哪些注意事项？

▶▶ **解答** （1）调胶要求相对较浓。

（2）建议将胶水直接刷在墙上，并涂刷均匀，这样才能更好的控制溢胶现象；如果习惯在纸上上胶，则强调务必不能溢胶。

（3）等墙面的胶水表层挥发部分水分，在胶水面层半干不干状态下粘贴墙纸。

（4）注意拼缝手法，不要边缝两边对挤，可以将后贴的一幅叠压在前一幅纸上，然后往外拉，从而避免对挤手法造成边缝溢胶。

## 044. 无纺布墙纸贴好后，日常怎么保养？

▶▶ **解答** 无纺布产品以其天然材质为优点，在处理时要特别仔细。首选用鸡毛掸掸去灰尘，再选用干净的湿毛巾，采用轻轻粘贴的方法维护清洁，清理时特别要注意避免造成斑痕色差。

毛巾

鸡毛掸

**045. 怎么贴无纺纸墙纸？**

▶▶ **解答** 首先特别要明确这类无纺纸墙纸的概念，无纺纸墙纸区别于无纺布墙纸，全看无纺布纤维的多少。无纺布墙纸的材质中，基本由无纺布纤维作为主材；而无纺纸墙纸的材质中，无纺布纤维占比较少，无纺布纤维的特性对墙纸整体特性影响也相对小得多。

无纺纸墙纸的贴法：既可以墙上上胶，纸背擦水，然后粘贴，也可以纸背上胶，然后上墙粘贴。具体两种方法哪种更好，可视要贴的墙纸面层具体情况，选择更适合的方法。

**046. 无纺纸墙纸贴好后，日常怎么保养？**

▶▶ **解答** 对付灰尘可选用鸡毛掸，再配合干净的湿毛巾进行维护清洁；如果清除污点斑痕，可使用橡皮擦。

鸡毛掸　　　　　橡皮擦

毛巾

**047. 怎么贴无纺纯墙纸？**

▶▶ **解答** 一般来说，无纺纯墙纸，既可以采用墙上上胶、纸背擦水的方法来粘贴，也可以用纸上上胶的方法来粘贴。至于哪种方法更好，可结合该款无纺纯墙纸具体情况做出选择。

## 048. 无纺纯墙纸贴好后，日常怎么保养？

>> **解答** 无纺纯墙纸贴好后，日常保养重点分两个方面：一、日常防潮防霉，特别是在潮湿地区、潮湿季节，务必保持室内具备一定的干燥度；二、面层纯纸面的保护，这一方面，基本等同纯纸墙纸的保养。

## 049. 怎么贴纯纸墙纸？

>> **解答** 纯纸多采用纸上上胶方式，上胶后需要闷胶，需通过试贴找出准确的闷胶时间，且应保持各幅闷胶时间一致，避免收缩不一。

纯纸闷胶

因纯纸墙纸表层强度相对较差，故施工时接缝处需用压辊压合，避免刮板用力、反复刮擦。

要贴好纯纸墙纸，需特别注意：

（1）多数纯纸可擦拭，但遇到纯色和深色的纯纸墙纸，则尽量不要溢胶，如果边缝有溢胶，还需要谨慎擦拭。目前纯纸墙纸多用水性油墨，水性油墨遇水分解，粗暴擦拭可能会造成脱色。

纯纸阳角粗暴擦拭造成掉色

（2）浅色墙纸施工时，要保证边缘不受污染，否则接缝处会产生"黑线"。

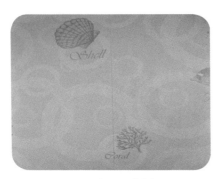

接缝处溢出胶水并接触
灰尘后，擦拭造成黑缝

**050.纯纸墙纸施工有哪些注意事项?**

纸上上胶

闷胶并没有固定的时间，老师傅建议的时间只能参考，最终具体要闷胶多少分钟，需要施工人员通过现场试贴环节摸索出来。这个环节，对于专业老师傅来说，贴第一幅墙纸和第二幅墙纸的时候，很快就摸索出来了，但是对于更多的人来说，需要通过对前三幅纸的反复摸索，找出闷胶时间，方能避免粘贴后的鼓泡和开缝现象。

>> 解答 纯纸墙纸在施工后经常出现起拱、隙缝、翘边、起泡等问题，需要专业施工人员进行粘贴。施工要点如下：

（1）做好墙面处理。纯纸吸水膨胀率高，在干燥过程中收缩产生的拉力也大，对墙面的牢固度和平整度的要求也更高，粘贴前务必保证墙面达标。

（2）上胶与闷胶。纯纸墙纸多采用纸背上胶的方式，也可以采用墙上上胶、纸背擦水的方法施工。

纯纸闷胶和PVC墙纸闷胶的对比

闷胶时间很关键，必须让纸张充分吸收水分膨胀后才可以施工，否则上墙后就会产生出现大量的气泡、拱边的现象。

无论是纸背上胶还是墙上上胶，都要求浓胶薄涂，只有这样，胶里的水分含得少，干得快，才能有效阻止纯纸干燥时间过长产生回缩而形成开缝的现象。

（3）纯纸的拼缝处理。强烈建议用压轮处理拼缝，因为纯纸表面比较光滑，如果用刮板处理拼缝，就是一个抛光的过程，会导致接缝侧光发亮。再次建议使用不锈钢压轮，这种压轮不容易打滑，最适合用于纯纸压缝。用压轮时忌讳用力太大，否则容易产生压痕，要求轻轻压实就好。

纯纸紧缝处理

（4）自检。自检过程很重要，刚施工完检查出问题，这时处理起来比较容易。自检主要查气泡、颗粒、拼花、对缝等问题。

## 051. 为什么纯纸墙纸贴好后经常开缝？

>> 【解答】纯纸墙纸施工过程中，直接造成开缝、翘边的因素有：

（1）墙面处理没做好；

（2）胶太稀或者太厚；

（3）在纸上刷胶环节，墙纸边沿没刷到位；

（4）现场过于通风，水分流失过快；

（5）季节、气温和气候原因，造成墙纸边沿快速干燥；

（6）施工中边缝紧缝不到位，边缝与墙面之间粘贴未服帖。

备注：纯纸墙纸开缝、翘边经常遇到，但只要前期做好墙面处理，控好胶，合理刷胶，按照规范流程进行标准施工，同时兼顾节气、温度等环境因素，就可以做到不开缝，不翘边。

052.纯纸墙纸施工好后为什么会有黑边?

**▶▶ 解答** 无论是纸上上胶还是墙上上胶,如果出现溢胶,用毛巾或是海绵擦后,很容易出现黑边的情况。所以要注意拼缝时的动作要领,采用摁压纸张(而不是推动纸张)的方式施工。

053.纯纸墙纸施工后满墙气泡是什么原因?

**▶▶ 解答** 纯纸墙纸施工后,一般产生气泡的原因有两类:

(1)如果基层处理不到位,纯纸张贴到墙面后,胶水中的水分渗入墙体的腻子层,腻子层内的二氧化碳气体,从不完整的墙基膜层中往外跑出,而纯纸不像无纺那么透气,所以形成气泡。

(2)如果闷胶时间不够,纸张没有充分膨胀,待上墙后还在继续膨胀,就会产生出现气泡、拱边的现象。

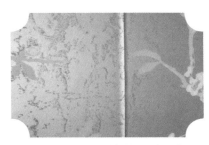

纯纸拼缝后拱边现象

054.纯纸墙纸闷胶多长时间合适?

**▶▶ 解答** 大部分老师傅给出的大致时间是:纸上上胶10—15分钟,纸背擦水3—5分钟。但这只是个参考值,并不具备多强的实用性。这个时间长短关键取决于纸浆的特性和纸张的密度。

还有一种完全由再生纸浆加工成的纯纸,已经基本没有韧性,不能闷胶,纸背一上胶或者一擦水,就要马上施工。

所以，要回答纯纸墙纸闷胶多少时间合适这个问题，并没有一个具体确凿的数字。只能由施工师傅，在前三幅纸的试贴过程中摸索出准确时间，然后大面积施工。

**055. 纯纸墙纸施工后为什么会翘边并带起墙皮？**

**>>** 〔解答〕 引起纯纸墙纸翘边的主要原因，最多见的是基层处理不牢固，纯纸墙纸在膨胀、收缩的过程中，把腻子层或乳胶漆层带起。所以纯纸墙纸施工前，基层处理一定要严格达标。

**056. 纯纸墙纸施工好后为什么会出现开缝现象？**

**>>** 〔解答〕 开缝现象指的是墙纸贴好后，接缝处拉开看到底层墙面，这也是一种常见的纯纸显缝现象。造成这种情况，除了施工时拼缝没有拼接好外，还有一个原因就是胶水过稀，上胶过厚，延长了纯纸墙纸的干燥时间，纸张在干燥过程中充分回缩产生隙缝。此外，施工中不规范，不重视压缝甚至根本不压缝，也容易导致出现开缝现象。

墙面掉粉

纯纸开缝

057. 纯纸墙纸贴好后,日常怎么养护?

>> **解答** 纯纸墙纸贴好后,日常保养重点,一是保持室内干燥、空气流通良好,避免出现发霉情况。二是保护纯纸面,避免污染和损伤。

# 4

## 施工基本功之二：

### 天然墙纸施工

● 058 天然材质墙纸怎么贴？

● 059 木皮墙纸搭边裁，怎么裁不显缝？

● 060 天然材质墙纸贴好后，日常怎么养护？

**058.天然材质墙纸怎么贴?**

**059.木皮墙纸搭边裁，怎么裁不显缝?**

>> 解答 天然材质墙纸施工中，面层需要重点保护，多采用墙上上胶（部分需要纸背擦水）方式上墙粘贴。

（1）因为天然材质墙纸是天然纤维，所以，有些墙纸（比如草编墙纸）拼缝时显缝属正常情况。

（2）面层纤维的保护是重中之重，选择合适的工具，不能用刮板粗暴施工。

>> 解答 木皮墙纸拼缝时，尽量保持每一块木皮的完整性，从而达到不显缝的目的。

木皮墙纸拼缝

草编墙纸施工

060. 天然材质
墙纸贴好后，日常
怎么养护?

>> [解答] 天然材质墙纸相对于常规墙纸，日常的养护要求更高。天然材质多怕溢胶，用水擦拭会有色差，怕刮擦、易破损。因此，日常养护需要更加精细。

干净毛巾和鸡毛掸

天然材质类产品，其色彩多为染缸染色而成，因色彩保持度不高，用水清洁会出现明显掉色现象，建议采用干的毛巾或鸡毛掸清洁。

# 5

施工基本功之三：

纺织类墙纸施工

061.纱线墙纸怎么贴？

062.纱线墙纸施工有哪些注意事项？

>> 解答 （1）墙上上胶，背面擦水。注意不是所有的纱线都要擦水，是否擦水取决于纱线墙纸的底层。如果试贴环节中上墙出现起泡现象，则可以用擦水的方式来解决。

（2）边缝处理。纱线墙纸有需要压边对裁，也有对缝的。压边对裁比较考验刀工，要注意避免纱线断纱情况，确保墙纸是竖直的，尽量在同两根纱线之间裁切，防止墙纸跳纱。

>> 解答 纱线墙纸施工过程中，特别需要注意两方面：

（1）不能溢胶。采用浓胶薄涂手法，避免溢胶，如果部分区域出现溢胶，则要在最小范围内处理掉，切忌擦缝。

（2）处理掉纱。如果出现纱线拉丝脱落，俗称"掉纱"，可以拿手指粘一点墙纸胶，给脱落的纱线涂上胶水，轻轻补粘到墙纸上。

纱线墙纸

063.纺织类墙
纸怎么贴?

064.纺织类墙
纸贴好后,日常怎
么养护?

纺织面

>> 解答 纺织类墙纸的日常养护,除
了表层布面的日常打理,以鸡毛掸和吸
尘器清理灰尘之外,其他方面跟常规墙
纸一样,注意室内保持干燥,雨天关门
窗,晴天白天注意通风,做好常规养护
即可。

>> 解答 纺织类墙纸,有的叫布面
墙纸,这一类墙纸的表面是布,怕溢胶,
粘贴时都采用墙上上胶的方式。纺织
类墙纸对缝后,无论是拼缝还是搭边
裁,缝隙相对都有点明显,这属于正
常现象。

# 6

施工基本功之四::

特殊墙纸施工

● 073 金属类墙纸贴好后，日常怎么养护？

● 072 金属类墙纸施工有哪些注意事项？

● 071 金属类墙纸怎么贴？

● 070 植绒类墙纸贴好后，日常怎么养护？

● 069 植绒类墙纸施工有哪些注意事项？

● 068 植绒类墙纸怎么贴？

● 067 颗粒类墙纸贴好后，日常怎么养护？

● 066 颗粒类墙纸施工有哪些注意事项？

● 065 颗粒类墙纸怎么贴？

065. 颗粒类墙纸怎么贴？

颗粒墙纸

>> 解答 采用墙上上胶、纸背擦水的方法进行粘贴。因为面层有的颗粒比较容易脱落，所以不能使用刮板刮擦，建议使用海绵滚筒代替刮板进行施工。

067. 颗粒类墙纸贴好后，日常怎么养护？

>> 解答 清理面层灰尘以鸡毛掸为主，颗粒面层不能刮擦，污垢污染面层不易打理，可用搭边裁的方式进行修补。

066. 颗粒类墙纸施工有哪些注意事项？

>> 解答 （1）墙纸轻微掉颗粒属于正常现象，不影响墙纸的整体效果。
（2）施工时不能用刮板刮，大多数颗粒墙纸连毛刷也不适合使用，建议用海绵滚筒轻压，最大程度保护墙纸的颗粒面层的完整。

068. 植绒类墙纸怎么贴？

>> 解答 采用墙上上胶、纸背擦水的方法进行粘贴。

植绒墙纸

**070.植绒类墙纸贴好后，日常怎么养护？**

>> **解答** 用鸡毛掸和吸尘器清理面层灰尘，不能擦水。局部污染和破损用搭边裁方式修补。其他方面参照常规墙纸日常养护即可。

**069.植绒类墙纸施工有哪些注意事项？**

>> **解答** （1）植绒类墙纸施工时千万不能出胶，建议不用刮板刮，改用毛刷。

（2）墙上上胶时注意不溢胶，不擦胶。

（3）施工完毕，注意对绒毛表面做顺毛处理。

（4）由于静电原因，墙纸表面有少量残留绒毛，这属于正常现象，不影响墙纸的使用效果。

**071.金属类墙纸怎么贴？**

>> **解答** （1）胶水直接上墙，要刷薄，待胶水半干时粘贴。施工时戴上手套，避免手上的水、汗氧化墙纸。

（2）深红、黑色、金属色表面会有轻微掉色现象，这属正常现象，不会影响整体效果。

银箔和金箔

073.金属类墙纸贴好后，日常怎么养护？

072.金属类墙纸施工有哪些注意事项？

▶▶ 解答 （1）禁用胶粉胶浆，可选用糯米胶。注意施工之前，室内断开电源。

（2）墙上刷胶，纸背擦水。施工时建议戴上手套，避免手上的水、汗氧化墙纸。

（3）用毛刷刷出空气，注意使用毛刷的手法和力度。

（4）用压轮压缝。注意力度，用力轻巧。

▶▶ 解答 壁纸表面属于金属材料，所以这种壁纸除了具备普通壁纸的特性外，还具有金属的特殊性。由于其表面是金属材质，所以日常养护中，不可用水或者湿抹布进行擦拭，以免发生氧化反应，导致颜色变暗，也不能用硬物刮擦，只可用干布轻轻擦拭。

7

施工基本功之五：

冷胶无缝墙布施工

## 074. 什么是
## 冷胶无缝墙布?

**解答** 所谓冷胶无缝墙布，泛指用糯米胶、墙布胶等淀粉类胶来粘贴的无缝墙布。糯米胶、墙布胶等淀粉胶，一般需要兑水调制后再涂刷上墙，接着再将无缝墙布粘贴上墙。（免调型的一般不需要兑水，但也建议使用前适当搅拌调制。）

冷胶调胶 1——倒入墙布胶

冷胶调胶 2——充分搅拌调兑

冷胶调胶 3——根据要贴的墙布，分数次加入清水，调制出合适的浓稠度

075. 无缝墙布（冷胶）施工流程是怎样的？

>> 解答 无缝墙布（冷胶）施工流程如下：

| Step 1<br>第一步 | Step 2<br>第二步 | Step 3<br>第三步 | Step 4<br>第四步 | Step 5<br>第五步 | Step 6<br>第六步 |
|---|---|---|---|---|---|
| 检测墙体是否已经刷墙基膜，是否达到墙纸施工标准 | 根据墙布订单检查各个空间待贴墙布的墙面 | 检查墙布品质是否有问题 | 计算墙布数量是否足够 | 根据墙布底层材质检查胶水是否适合 | 对施工空间的地板、门框、天花板进行保护处理 |

| Step 7<br>第七步 | Step 8<br>第八步 | Step 9<br>第九步 | Step 10<br>第十步 | Step 11<br>第十一步 | Step 12<br>第十二步 |
|---|---|---|---|---|---|
| 调胶<br>根据墙体、墙布、气候、温度、湿度确定调胶的稀稠度 | 试贴<br>根据不同墙布选择合适的工具和方法进行小区域粘贴 | 检查<br>对贴好的小区域墙布进行检查 | 粘贴<br>大面积施工 | 清洁<br>边施工边及时清洁 | 检查<br>施工完毕进行全面检查 |

| Step 13<br>第十三步 | Step 14<br>第十四步 | Step 15<br>第十五步 | Step 16<br>第十六步 | | |
|---|---|---|---|---|---|
| 垃圾<br>收拾施工过程中产生的垃圾 | 业主验收<br>边验收边讲解施工后注意事项及墙布保养方法 | 填写顾客满意度表 | 收款 | | |

另一方面，涂层底不容易渗胶，涂层墙布拉伸性相对稳定，裁切效果更好。

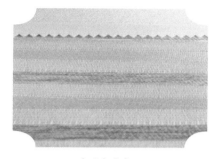

涂层底墙布

## 076.涂层底无缝墙布怎么贴？

解答 无缝墙布施工和墙纸施工有一定差异，但总体来说，施工难度不比墙纸复杂，反而相对简单一些。涂层底无缝墙布的施工，重点是粘贴前的墙面处理，需要严格把关，这是不少人容易忽略的地方。墙面处理并涂刷墙基膜完成后，粘贴过程如下：

（1）刷胶（在墙上）。

（2）挂布和定位。可以一人操作，挂好布后逐步粘贴。但更多是两人合作，一人放布，一人粘贴。

（3）处理阴阳角、门窗、开关和造型等。

（4）毛刷和刮板结合使用，大面用毛刷，边角可以用刮板。

施工前，必须了解涂层底这类墙布的特性。一方面，这类墙布一般不透气，所以要求调胶不能过稀，刷胶务必均匀，不要过厚，避免胶层难干，引发发霉；

## 077.无纺布底无缝墙布怎么贴？

解答 无纺布底无缝墙布施工和涂层底无缝墙布基本相同，但对调胶、刷胶的控制要求比较严格，强调浓胶薄涂，刷胶均匀，尤其是阴角和边沿位置务必要控制好。具体粘贴过程如下：

（1）墙体检测和处理：施工前墙体检查和处理到位，刷墙基膜。必须保证贴墙布的墙体平整、干燥、坚固、无污垢、pH适中。如不符合上述条件，日后墙布易产生霉变、翘边、拉底等不良症状。

（2）调胶和刷胶：根据要贴的墙布特性，调好胶。墙上刷胶。要求涂刷均匀，无漏刷，并根据墙布特性决定刷胶的厚薄度，一般都不适合刷厚。

（3）挂布：挂布并裁出门窗等位置。

（4）粘贴：进行粘贴，做好阴阳角处理，做出造型。

（5）自检：在1.5 m以外观察，要求在自然光照下无色差，表面无污点、鼓泡。

（6）验收：交对方验收并告知注意事项。

a.施工完成后一星期内应保持室内适当通风。

b.施工完成后一周内不适合使用空调。

c.严防门窗漏水、渗水。不用硬物刮伤、碰击。

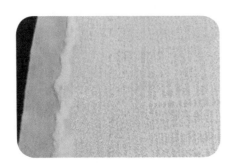

无纺布底无缝墙布

## 078.无纺布底无缝墙布怎么施工可以做到不渗胶溢胶？

**>> 解答** 无纺布底无缝墙布施工中，只要做好三步，是可以做到不渗胶溢胶的。

（1）调胶要相对浓稠，具体浓稠度与该墙布的经纬线疏密度、无纺布底的密实度相关，越容易渗透的墙布，越应用相对更浓稠的胶液。

（2）墙面上胶，并均匀涂刷，注意务必浓胶薄涂，尤其是阴角、造型和边沿区域；遇上容易渗透的墙布，可以在墙面上胶后，让面层的胶液稍微晾一些时间，在胶液半干的时候进行粘贴。这样，墙面胶液更不容易渗胶溢胶。

（3）在墙面的大面区域粘贴墙布时，使用毛刷，只在边角和造型区域小心谨慎地使用刮板。注意刮板对边沿的处理手法，忌讳"铲"的手法。

无纺布底墙布透气性好，同时容易渗胶。因此，调胶相对要浓稠，刷胶要薄，避免胶或者胶水混合物通过无纺布底往墙布表层渗入，造成表面有胶痕色斑。

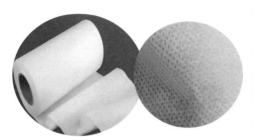

无纺布底材料 1　　　　无纺布底材料 2

## 080. 无缝墙布贴阴角怎么施工？正确做法是否裁断？

## 079. 十字布底墙布怎么贴？

>> 解答　无缝墙布贴阴角时，如果阴角标准，可以粘贴好阴角一边的墙面后，接着做好阴角粘贴，然后再直接粘贴阴角另一边的墙面。

目前许多施工现场，有不少阴角施工并不标准，甚至出现阴角施工严重不达标的情况。这时，无缝墙布过阴角无法做到服帖，往往出现空鼓和圆角现象。为了解决这些情况，就要求施工中做出调整，采取阴角半裁断的方法，把墙布服帖地贴到阴角每个部分。

>> 解答　施工中重点注意底层跟墙面的黏结程度，相对于纸底和无纺布底来说，十字布底在市场上占有率小，不少施工师傅往往不太习惯，需要相对关注边缝压实服帖（这类墙布多数采用搭边裁）。此外，与其他底的墙布一样，都需要保护墙布面层的洁净不受污染。

十字布底墙布

阴角无裁断

阴角半裁断效果

可以大大降低粘贴造型的难度。

（3）遇到特殊造型，包括一些平时很少见到的造型时，不要强行施工粘贴，建议采用特定工具与方法。

## 081. 无缝墙布遇到墙面造型，怎么施工？

解答 如果房间里有造型，在无缝墙布粘贴之前，必须优先考虑这个造型怎么铺贴，不能一开始就随意铺贴，否则到了造型处就会无从下手。造型粘贴操作要点如下：

造型的施工

（1）如果造型简单容易，可以先从其他地方粘贴。

（2）如果造型复杂难以粘贴，则考虑优先粘贴造型区域，优先粘贴造型

## 082. 无缝墙布裁边容易出现毛边，怎么办？

解答 无缝墙布裁边已经出现的毛边，可用热烘枪（壁纸软化器）吹，消除毛边。

解决毛边问题，应尽量在裁切之前和裁切之时做到位。务必注意以下几点：

（1）裁切处的墙面基层要给予特别关照，可以多刷一两次墙基膜增强硬度，避免裁切时划破墙基膜和墙面。

（2）裁切用刀选择优质刀架、刀片。

（3）裁切的刀工，掌握好用刀的角度和力度。

（4）运用好辅助工具，如不锈钢垫片、牛皮纸保护带、美纹纸、薄木板等。

## 083. 冷胶无缝墙布贴好后，日常怎么养护？

>> **解答** 无缝墙布粘贴到房间的一些特殊阳角，需要做裁断时，常常会出现毛边现象。毛边的现象来自两个原因：

（1）施工中裁切墙布的工具和裁切的刀工。好的工具和好的刀工可以大大降低毛边的程度。

（2）该款墙布产品的本身特性，也直接影响裁断后毛边的程度。如果墙布粗糙或者疏松，自然更容易造成毛边。

无缝墙布的毛边，可以通过热烘枪（壁纸软化器）直接热烘，最大程度解决毛边现象。

热烘枪

8

施工基本功之六：

热胶无缝墙布施工

● ● ● ● ● ●

089 088 087 086 085 084

热胶墙布贴不牢，为什么？

热胶墙布施工时，背景墙拐角处、门框边等熨烫机熨烫不到的地方，怎么粘贴墙布？

热胶墙布怎么贴？

热胶墙布施工中，墙面是否一定要滚刷墙基膜？

热胶墙布的底层胶膜到底是什么，环保吗？

什么是热胶墙布？

## 084. 什么是热胶墙布？

>> **解答** 热胶墙布是指背面自带一层热胶膜，施工时墙面无须再上胶，可以使用蒸汽熨斗直接在墙面粘贴的无缝墙布。相对市场上的主流墙布，热胶墙布有以下因素需要进一步改良：

（1）施工效率相对低下，造成施工成本高。熨烫缓慢、施工效率低，提高了施工成本。

（2）熨烫设备（热烫机）在施工中，温度在 90℃ 以上，存在一定安全隐患。

（3）熨烫过程中，热熔胶膜融化不均匀时，会造成墙布空鼓、褶皱。

（4）墙面的阴角、边线、插座、门窗和造型等部位，热烫机不能完全熨烫到位，不方便施工。

（5）熨烫中，高温对一些墙布面料有破坏风险。

（6）高温对墙基膜层存在一定程度的软化风险。

（7）热熔胶膜融化后，立即在相对低温环境下再次固化，墙布拼接时需要准确、及时，因此增加了施工难度。

（8）施工完成后，二次翻新较困难。

（9）热胶施工时，在墙面和布基间互相渗透，会影响墙布本身的透气性。

085. 热胶墙布
的底层胶膜到底是
什么，环保吗？

> **解答** 热胶墙布的底层是一层热熔胶膜，目前热熔胶膜以 EVA 热熔胶膜居多。EVA 热熔胶膜是以乙烯-醋酸乙烯共聚物（ethylene-vinyl acetate copolymer, EVA）为主要原料制造的热熔胶膜产品，是一种透明乳白色或浅黄色聚合物。

详细特点如下：

| 项　目 | 特　性 | 项　目 | 特　性 |
|---|---|---|---|
| 产品外观 | 无色半透明 | 耐水性 | 一般 |
| 基材 | 离型纸或无基材 | 熔点 | 70—80 度 |
| 耐低温性能 | 一般 | 工作温度 | 110—120 度 |
| 耐高温性能 | 一般 | 压烫时间 | 5—30 秒 |

EVA 热熔胶膜

　　黏合剂的功能和应用已受到广泛重视，而环保问题却往往容易被人忽视。环保是否已成为黏合剂进一步发展的瓶颈？解决其对环境的污染问题成了当务之急。

　　以欧盟、美国等的环保要求看，市场上销售的很多热熔胶达不到标准。为了降低成本，使用大量不环保的廉价材料而生产的热熔胶膜，被认定为不环保产品。

　　国际上对热熔胶的环保测试项目有 ROSH 标准，甲醛测试，18 项多环芳烃、卤素-氟、氯、溴、碘含量测定，全副辛烷黄酰基化合物（PFOS）含量测定，壬基酚聚氯乙烯醚（NDEOS）含量测定，以及 REACH84 项测试等。

　　EVA 热熔胶膜属于人工黏合剂，是用人工制造的物质。EVA 热熔胶内含有邻苯二苯甲酸二丁酯增塑剂组分，不达标的热熔胶在高温下融化时，容易散发出来，造成致畸风险。

## 086. 热胶墙布施工中，墙面是否一定要滚刷墙基膜？

>> 解答 热胶无缝墙布对墙面牢固度的要求，比冷胶无缝墙布更高。墙面的牢固程度有欠缺时，糯米胶和墙布胶，能在一定程度上加固墙面面层，同时进行粘贴，但热胶无缝墙布无法做到这一点。因此，粘贴热胶无缝墙布之前，务必做好墙面处理，合理涂刷墙基膜，做好墙面基础，保证墙面的牢固度。

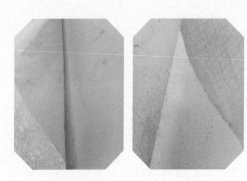

热胶墙布不能在粉墙上直接粘贴

## 087. 热胶墙布怎么贴？

>> 解答 热胶无缝墙布施工相对简单，处理好墙面后，无须刷胶，直接挂布上墙，然后使用专业的热烫机熨烫粘贴即可。热胶墙布的施工问题时有发生。并且，出现问题后解决起来比较麻烦。施工问题集中出现在两个方面：

（1）缺乏合理处理墙面的技能，或者对问题墙面采取敷衍了事的态度，没解决好墙体墙面问题就粘贴墙布上墙，造成施工后墙布局部鼓起、脱落等问题。

（2）使用热烫机熨烫时，熨烫技巧不熟练，造成起皱、空鼓、粘贴不牢，边角、门套与造型等特殊部位，容易出现粘贴不服帖的现象。

热胶墙布

088. 热胶墙布施工时，背景墙拐角处、门框边等热烫机熨烫不到的地方，怎么粘贴墙布？

089. 热胶无缝墙布贴不牢，为什么？

>> 解答 常见做法有两种：

（1）取出边角处热胶墙布，用热烫机的蒸汽吹热，再压实。

（2）用糯米胶胶液涂刷边角等热烫机烫不到的地方，借用冷胶贴法，解决边角粘贴问题。

>> 解答 热胶无缝墙布贴不牢，有以下因素：

（1）墙基膜层不达标，热胶墙布粘贴效果差。

墙基膜层面有小坑，不平整　墙基膜层面有小颗粒

（2）墙面的电视背景造型的转角、阴角、门套和窗户边等特殊部位，因为无法做到充分熨烫，导致热胶墙布粘贴不牢。

墙面造型示例1　　　墙面造型示例2

（3）施工中多次掀起墙布造成热胶膜破损，且没有及时替换、补充热胶膜，造成空鼓。

（4）粘贴使用一段时间后，和淀粉胶类对比，由于树脂胶本身相对容易老化的特性，品质有欠缺的热胶产品老化得更快，热胶膜老化后造成粘贴不牢，脱离墙面。

阴角、背景造型等特殊地方，热烫机的熨斗熨烫不到

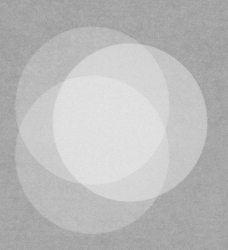

# 9

## 施工基本功之七:

### 其他无缝墙布施工

●

092

水溶胶底墙纸墙布怎么施工？

●

091

无复合层无缝墙布怎么施工？

●

090

布底无缝墙纸怎么贴？

## 090. 布底无缝墙纸怎么贴?

>> **解答** 墙纸市场上,每个时间段都有新的品类不断出现,多数无缝墙纸都是无纺底或者纸底。布底无缝墙纸区别于无纺底、纸底无缝墙纸,布底的基层具备相对更好的韧性。这类无缝墙纸的施工,基本等同之前的无缝墙纸,不需要做出多大变化。

## 091. 无复合层无缝墙布怎么施工?

>> **解答** 作为一个品类,无复合层无缝墙布可以忽略底层因素,直接上墙粘贴。对于渗胶溢胶的把控,则跟其他冷胶墙布施工要点等同。关键点:浓胶薄涂,阴角边缝刷胶和粘贴时要谨慎处理。

 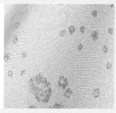

无复合层无缝墙布

## 092. 水溶胶底墙纸墙布怎么施工?

>> **解答** 2015年之后,墙布的品类快速发展,出现了更多的墙布工艺。2017年上海展会出现水溶胶底墙纸墙布,施工方法为喷水直接粘贴。

# 10

施工技能提升之一：

墙面处理技能提升

**093. 墙基膜涂刷后多长时间干算正常?**

墙基膜涂刷上墙干透再施工,更方便施工师傅施工,也更容易粘贴牢固;技术技能强的师傅,在墙基膜刷上墙,墙基膜表层干透后也可以施工,但施工过程要求手法熟练柔和,避免粗暴粘贴,影响墙基膜层和腻子层的黏结。

>> 解答 干燥时间根据施工现场温度、湿度确定。在常温下,表干约需 0.5 小时,实干约需 12 小时。如果遇到特殊墙面,需要依据墙面情况,采用针对性的涂刷方式,同时,表干和实干时间也会出现明显变化。

刷墙基膜

**094. 墙基膜涂刷后多久才可以开始粘贴?**

**095. 墙基膜的涂刷面积和说明书不一致,是不是该墙基膜变质了?**

>> 解答 墙基膜的实际涂刷面积因施工方法及墙体表面粗糙程度变化而不同,这种情况属于正常现象。

>> 解答 一般来说,墙基膜的产品说明上会说明大致时间为 24 小时,也有的会说明 12 小时。到底需要多少时间,具体情况需要具体对待,总的原则是:

## 096. 墙纸墙布施工为什么会出现脱落现象？

>> **解答** 检查脱落处墙纸背面的情况，如果墙纸背面带出墙皮，则是墙面处理不完善，或者边缝压缝粗暴用力所致；如果墙纸背面干净未带出墙皮，则检查墙纸胶调制是否正确或胶水产品是否符合要求。

翘边示意图

## 097. 墙纸墙布翘边怎么办？

>> **解答** （1）墙纸翘边主要由以下原因造成：

a. 基层处理不干净，有浮尘未清除。

b. 墙面掉粉不牢固，处理没到位。

c. 调制的墙纸胶黏结力太低。一般是调制过程中兑水过多，胶液过稀，导致黏结力严重下降；有的师傅习惯在糯米胶中加胶粉，这也会造成黏性下降。

d. 阴阳角的墙纸边太窄。

（2）解决方法：

a. 基层有浮尘的，需要清除干净再粘贴。

b. 墙面掉粉不牢固的，需要重新做墙面处理，然后再粘贴。

c. 保证墙纸胶的黏结力。调制墙纸胶时，要避免兑水过多；即使在糯米胶中加胶粉，也不能多加；不要使用不合格的墙纸胶或者过期变质的产品。

d. 阴阳角的墙纸边不能太窄，在

粘贴第一幅墙纸的时候，需要整体审视房间情况，需要考虑第一幅墙纸粘贴的位置，避免阴阳角墙纸边过窄。

e.翘边的修补：用贴墙纸的墙纸胶，抹在卷边处，把起翘处抚平压实。如果是胶面墙纸，可以用墙纸软化器吹10秒左右，再压实粘牢；如果是纯纸，可以先用湿毛巾抹湿再粘贴压实。

墙纸软化器

## 098.墙体发霉可以贴墙纸墙布吗？怎么解决？

>> 解答 墙体发霉不可以贴墙纸。发霉的墙体若不经过处理，直接粘贴墙纸会造成：

（1）墙纸与墙面之间粘贴不牢固、有空鼓、起泡，进而翘边脱落。

（2）粘贴墙纸所使用的墙纸胶为已有霉菌提供了充足的养分，新的环境下霉菌会爆炸式疯长，发霉的面积和程度会更大。

发霉示意图

造成墙体发霉的主导因素是潮湿，要解决发霉就需要解决墙体潮湿问题。造成墙体受潮不外乎两个方面：

（1）因为墙体内部渗水所致。这种情况，需要解决根本的问题，先做好防水，将发霉的区域及附近松软的墙体铲掉，再给发霉区域喷上除霉剂，杀死霉菌，阻止霉菌滋生。重新批刮腻子粉，刷墙基膜。

（2）因为房屋朝向、外部环境或空气潮湿的原因造成的发霉。根据发霉造成墙体损坏的情况，若情况不太严重，先将霉斑擦拭干净，再给发霉区域喷上除霉剂；若发霉情况较为严重，则还需铲掉受损墙体，重做腻子粉，刷墙基膜。

099. 怎样避免
墙面再次发霉？

>> 解答 要避免墙面再次发霉也不难，只要平日做到室内干燥就可以了。天气潮湿期间，尽量少开窗。潮湿天气时可借助抽湿机、冷气机、风扇和空调，吸走墙体上的水分。一旦墙体或家具有水汽出现，就应该立即用干抹布擦除。日常室内养护做得好，不单单室内的墙纸，包括室内的书籍和衣物，也都不会发霉。

常见除湿工具——抽湿机和木炭

# 11

施工技能提升之二：

墙纸施工技能提升

取下开关外壳的施工方法，施工完毕
再盖上开关外壳，相对会更加安全

**100. 墙纸粘贴过程中，开关怎么施工？**

>> 解答 第一种：先将墙纸盖贴在整个开关口上，再用墙纸刀在开关上面的对角线画十字，但要用力恰当，绝不可划伤开关面层，用刮板抵住开关的边缘，用墙纸刀裁切多余的墙纸，裁切时注意手法，忌飘刀。

不取下开关外壳的施工方法，该方法特别
要注意不要让墙纸刀在开关外壳留下刀痕

第二种：

第一步：取下开关面板。

第二步：粘贴好开关周边，裁切多余墙纸。

第三步：盖上面板。

**101. 墙纸粘贴过程中，窗户怎么施工？**

>> 解答 如果已经做有窗套，那只需贴墙面的大面就好。如果没有做窗套，就要包窗。包窗是窗户及其周边贴墙纸的重点，也是基础，必须掌握较好的方法，贴出好效果：

第一步：将距离窗户左右两边最近的一幅墙纸的边缘贴好，并将延伸的部分分别在窗户的上部与下部贴好。

第二步：中间窗户空的部分用美工刀沿窗户的上下边缘画平行线。

第三步：将割出来的部分包进窗户的左右两边缘。

第四步：将裁剩的零头料与刚才留在窗户上下边缘的延伸部分重叠。

第七步：完成上部空白处张贴，依旧用搭边裁切的方法。

第五步：用直尺配合美工刀，沿重叠好的墙纸边缘从上而下切开。

第六步：拿掉多余的墙纸，并用白毛巾或海绵擦去多余的胶水。

**102. 在墙纸墙布行业，什么样的施工才算专业？**

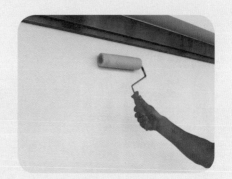

墙基膜涂刷

>> **解答** 专业的墙纸墙布施工师傅，需要以下多种技术技能：

（1）墙面基层的检测和处理能力。再好的墙纸都要铺贴在墙面上，才能呈现效果，墙面的好坏决定了墙纸装饰效果的好坏和使用期限的长短。比如，多数情况下，墙纸贴在腻子层上，那腻子墙面是不是就可以直接贴墙纸呢？不能。要想在腻子层上铺贴墙纸，首先要检测墙面并处理墙面，要根据墙面特性选择对应的墙基膜，并合理涂刷墙基膜。

好的施工师傅会根据墙面特性选择适用的墙基膜，比如针对乳胶漆墙面，需要用到乳胶漆专用墙基膜；而针对一些容易掉粉的墙面，会选择起着固化腻子粉层作用的渗透型墙基膜，最终使墙面达到洁净、平整、干燥、无污染、酸碱度适中的施工条件。

（2）不同材质要用不同施工方法。墙纸材质不同，因此施工方法必须与之相适应。墙纸墙布施工行业，并不存在所谓的万能施工方法。

墙纸材质的不同，墙纸面层做花工艺的不同，花型花距设计的不同，都直接影响到施工，因此必须选择正确的施工方法。对于素色墙纸，有的采用正反贴的方式，尽量避免阴阳面的问题。

（3）标准施工，注意施工环境保护。好的施工师傅按照标准的施工流程，进行规范化施工，不仅步骤规范到位，施工快速，而且施工结束后，不会破坏业主的家庭环境，也不会造成二次施工的麻烦。标准的墙纸施工步骤如下：

a. 墙体检测：墙面要达到施工标准，要平整、牢固、pH 中性、无污渍、温度适宜。

酸碱度测试

b.根据房间面积选择适量的墙纸，核对墙基膜的型号，检查墙基膜的数量是否够用。

c.遮蔽保护：对施工空间的地板、门窗、天花板、家具进行保护。

地面保护示例

d.涂刷墙基膜：墙基膜至少涂刷两遍，根据具体墙面问题的不同，进行正确的处理。

e.上胶：根据选择的墙纸胶，按照说明正确调胶，然后选择适用的上胶方式。

f.铺贴：先进行试贴，确定之后再大面积铺贴。

g.施工完毕后全面检查，清理施工过程中产生的垃圾。

h.请业主验收，讲解注意事项和日常保养方法。

在墙纸施工过程当中，好的施工师傅有服务保障。师傅会先了解业主需求，尽量按照业主要求来铺贴墙纸。

103.怎样贴好素色墙纸？

>> 解答 相对于拼花的墙纸来说，很多新师傅觉得素色墙纸不用拼花所以施工很简单。其实素色墙纸因为没有花纹，每幅纸的底色稍微有色差就容易呈现出来，反而容易发生显缝之类的问题。

素色墙纸

如果素色墙纸铺贴出现问题，我们首先要分析问题原因，才能采取正确的处理方法。

（1）有显缝。

墙纸没有色差，但正面 1.5 m 处能看到接缝，这是对缝不严实。

**处理方法：**

如墙纸是 PVC 墙纸，可以用湿毛巾擦湿接缝处，化开墙纸胶，轻轻掀开墙纸，然后使用墙纸软化器软化墙纸，方便拉伸墙纸修理接缝。

如果是纯纸或无纺墙纸，几乎没有可拉伸性，因此无法使用上述方法修理，可以使用与墙纸相近颜色的颜料涂抹接缝遮挡底色。

（2）阴阳面。

如果正面 1.5 m 处看，墙纸条幅之间明显没有整体感，但墙纸接缝处处理完好；看上去墙纸像有色差，并且接缝处色差是按照深—浅—深—浅或浅—深—浅—深的明显规律，这很可能是由阴阳面导致的。找到此款墙纸的标签看上面是否有标注正反贴图标（一个向上的箭头，一个向下的箭头）。

正反贴标识，上下交替粘贴（正反贴），常见于素色墙纸

需要正反贴的素色墙纸没有正反贴，施工效果示意图

**处理方法：**

a. 如果有正反贴图标，则需要按照标识正反交替粘贴，即：浅—浅—深—深相对，这样才可避免阴阳面现象。

b. 如无标识则是墙纸质量问题，

没有解决方法。大多数墙纸厂家规定，如果因为墙纸本身质量有问题，可补发2—3 卷墙纸。

（3）露白边。

在对深色墙纸施工时，有时发现底纸略长一点，施工完毕后接缝处会有白边，正面距离墙面 1.5 m 处能清楚看到白底，显出缝隙。

显白缝

**处理方法：**

a. 因为是素色墙纸，可以采用搭边裁的方法处理接缝。

b. 如果是已经施工完毕的墙纸，可采用与墙纸相近颜色水性颜料涂抹接缝遮挡底色。

**素色墙纸注意要点：**

（1）在进行施工时，一定要查看墙纸标签上是否有"正反贴"施工标识，如果有则应该正反贴，如果正反贴之后还有阴阳面现象，可以再次尝试正常贴。

（2）素色无纺布墙纸施工时要尽量避免溢胶、擦拭，一旦擦拭很可能会留下痕迹。如不幸溢胶，要在最小范围内将溢出的胶水擦拭干净。粘贴颜色较深的素色墙纸时动作要轻柔。

墙纸起泡示例

## 104. 无缝墙纸怎么施工效果好？

**>> 解答** （1）墙面上胶，并均匀涂刷。

（2）一面墙一张纸（左右墙纸各留出5—10 cm），墙纸铺贴到墙面的两边阴角时裁断；墙面很宽的（例如酒店走廊、大客厅等），可将墙纸整卷立起来，由一人进行垂直放卷，另一人沿着放卷方向进行顺延铺贴。

（3）保持墙纸平整裁切及平整铺贴，尽量不要造成纸面褶皱。

（4）施工中推挤空气时，先用刮板上下刮贴，再左右刮贴；遇到气泡很难从上下左右刮出时，可将靠近气泡一侧的纸边揭起，推挤出空气，然后再进行刮贴。

## 105. 楼梯区域怎么贴墙纸？

**>> 解答** 楼梯区域的墙面呈平行四边形或是梯形，墙纸的计算方法与房间的计算方法不一样，在计算时，可以按总高度和总周长来进行计算。

楼梯区域示例

（1）楼梯区域墙纸的计算方法。

a. 测量楼梯的总高度。

首先测量出楼梯的总高度，如下图楼梯的总高度为 8.7 m，1 卷墙纸总长度为 10 m，从上至下再加上每一层 5 cm 的损耗，正好 1 幅纸为 1 卷。

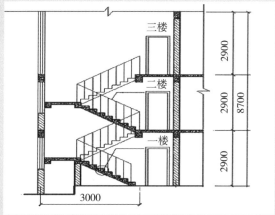

楼梯区域示意图（单位：mm）

b. 测量楼梯周长。

如下图所示，楼梯总周长为：$3 \times 2 + 1.82 = 7.82$ m

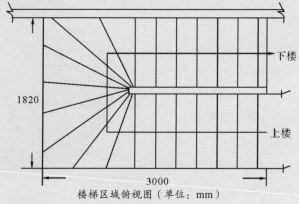

楼梯区域俯视图（单位：mm）

c. 计算所需墙纸用量。

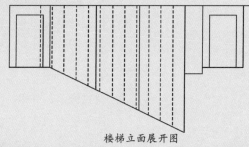

楼梯立面展开图

所需幅数 ＝ 楼梯周长 ÷ 墙纸宽度 ＝ 7.82 ÷ 0.53 ＝ 15 幅。

因 1 幅纸需要用 1 卷墙纸，故：所需卷数 = 15 卷。

**（2）楼梯区域墙纸施工。**

a.清理施工区域，方便施工。包括：墙面颗粒处理、开关盒清理、踢脚线清理、楼梯踏步上杂物清理。

b.测量每张纸的高度。

第一步：排尺。

铅笔标注

用卷尺测量后用铅笔在墙面上标注，将每一层楼梯每幅墙纸位置确定下来。注意过阴角纸张至少预留 10 cm，如果不到 10 cm 需要调整纸张位置。

第二步：测量每一幅高度。

因为最顶层的墙面是平的，如下图所示，所以每一幅墙纸的高度都会不一样，需要一幅一幅测量，并在墙面上标注每一幅的尺寸，以便裁纸时用。

每一幅墙纸的高度都会不一样

c.调胶上胶。从最长的一幅开始，因最高高度为 5.13 m，一卷只够开 1 幅，剩余的墙纸按顺序放好，并用铅笔在纸上标注好剩余尺寸以备用。

d.张贴。从最长的一幅纸开始张贴，张贴时需用水平仪配合。

**（3）楼梯施工注意事项。**

a.楼梯用量计算时，必须要量出楼梯的总高度。

b.到二楼楼梯一般为平行四边形，每幅纸的高度基本类似，可参考一楼楼梯。

c.施工时从最长的一幅纸开始施工。

**106.墙纸轻微发霉怎么办?**

>> 解答 墙纸发霉一般发生在雨季和潮湿天气，主要是因为墙体水分过高。针对发霉情况不太严重的墙纸，解决方法如下：用白色毛巾沾取适量清水擦拭，或者用肥皂水擦拭，然后用除霉剂杀残存霉菌。清理完毕后，尽量让墙纸保持干燥即可。

除霉剂

光照色牢度合格

光照色牢度良好

光照色牢度好

光照色牢度很好　　光照色牢度极好

日照色泽度标识

107. 墙纸褪色怎么办？

108. 墙纸开缝露出 1—2 mm 的墙面，没翘边，怎么办？

>> 解答 墙纸经过长时间的阳光照射，会褪色。褪色只能预防，可以在挑选墙纸的时候，尽量选择光照色牢度强的墙纸。此外，日常不要让墙纸过于暴露在强烈的阳光下，可适时关闭窗帘门帘。墙纸小面积褪色可以用之前保存的墙纸余料修补，但如果是大面积褪色，就要考虑更换墙纸了。

>> 解答 可以尝试用沾水的湿毛巾，将接缝处轻轻擦湿，用墙纸刀的刀尖挑开墙纸，再用针筒将胶水注入墙纸裂缝的边缘，尝试将墙纸重新粘牢、压实。修补的时候，注意确定基层是否有问题，有问题一并修复。

墙纸开缝图

乙醇、松节油和煤油

**109.合格的墙纸为什么对不上花？**

>> 解答 墙纸施工时对花错位，应检查施工方法是否正确，或墙纸施工前是否对不上花，或纸张是否被拉长，或是否对错位置。可取未刷胶墙纸样品在工作台上拼对检查。

**111.墙纸沾上了口香糖或鞋油，怎么处理？**

>> 解答 将墙纸上口香糖或者鞋油的油脂尽量刮去，或用石蜡抹去（用冰块擦，口香糖更易脱落），再用清水洗净。最后将墙纸重新压平、晾干即可。

**110.怎么清理粘在墙纸上的油漆、墨水和涂料？**

>> 解答 若油漆粘在墙纸上，应立即用干布抹去，不要使痕迹扩大，迅速用乙醇或过氧乙烯清洗，再用清水洗净。墙纸上粘有墨水和笔痕，可用乙醇清洗。墙纸上粘有涂料可用松节油或煤油清洗。

## 112. 墙纸被烟头烧出小洞怎么办?

>> 解答 可以用小范围墙纸破损的补救方法，即采用搭边裁的方法进行修补，或者用其他物品掩盖，如用小饰品遮挡、粘贴小图案、挂画框装饰等。

饰品遮挡示例

## 113. 墙纸粘贴后怎么做好防潮?

>> 解答 东南沿海的"回南天"，江南地区的梅雨季，还有大部分区域都可能存在的连绵阴雨天气，都对墙纸施工与养护带来考验。但也不需害怕，只要做好室内除湿，墙纸施工和日后使用依旧没有问题:

（1）家中多备一些吸水防潮的小物件。比如:茶叶包、木炭包、洗衣粉等都是实用的防潮物品。木炭、竹炭的表面空隙可以吸附水汽，兼具除臭效果，而且可晒干重复使用，不伤害环境。此外，洗衣粉也是好用的除湿剂，也可以通过点蜡烛的方式防止潮湿，因为点蜡烛能起到降低居室空气湿度的作用，使水汽无法凝结，从而减轻室内湿度，防止墙纸受潮。

（2）如果家里已经出现霉味的话，可以选用含天然植物香芬精油的香熏蜡烛，这样的蜡烛既可以干燥空气，又可以去除房间里的霉味。

（3）使用空调、风扇、地暖和专业除湿的抽湿机。

回南天墙面"流水"示例

## 114. 潮湿季节怎么预防墙纸墙布发霉?

### 梅雨季节

梅雨，是指每年6、7月份的东南季风带来的太平洋暖湿气流，经过中国长江中下游地区、中国台湾地区、日本中南部及韩国南部等地时，出现的持续天阴有雨的气候现象。由于正是江南梅子的成熟期，故称其为"梅雨"，此时段便被称作"梅雨季节"。

梅雨季里空气湿度大、气温高、衣物等容易发霉，所以也有人把梅雨称为同音的"霉雨"。连绵多雨的梅雨季过后，天气开始由太平洋亚热带高压主导，正式进入炎热的夏季。

空调与抽湿机

>> **解答** 可以在施工前、施工中和施工后三个时间段采取相应措施，从而达到预防墙纸墙布发霉的目的。

（1）施工前减少水分。在施工前，我们就要尽量注意墙面的含水量，阻止或避免含水量过高而产生霉变。

　a. 做好防水。

　b. 施工前墙面检测含水量必须低于8%。

水分测量

（2）施工中控制发霉因素。

　a. 调胶时控制胶水中水的含量，浓胶薄涂，减少胶水里的水分。施工时，使用短毛滚筒上胶，胶水厚度可以得到严格控制。

短毛滚筒墙上上胶

b.施工环节中减少霉菌污染。保持施工工具和施工用水清洁干净，施工场地事先做好清理，减免污染。

（3）施工后日常养护。墙纸墙布后期养护非常关键，做好养护可以降低发霉的概率。要求室内通风，保持干燥。定期清理墙面灰尘。当酒水饮料等含糖量比较高的液体溅到墙面上时，要及时用中性清洁剂清理干净，并及时烘干。因为这些饮料中含有大量的糖分，可以为霉菌提供更多养料。

## 115. 墙纸墙布发霉后怎么办？

>> **解答** 如果发霉，区分发霉的轻重程度，采取不同应对措施：

（1）轻度发霉处理方法。轻度发霉指墙纸、墙布表面有轻微的霉斑，但从外观看对原来的表面影响不大。

解决方法：直接在墙纸墙布上喷除霉剂清理（有一些墙纸墙布可能会褪色，所以在大面积使用之前需先进行测试），待霉斑没有后，还需在发霉处喷防霉剂。此后注意保持房间通风干燥。注意不要直接用毛巾擦拭霉斑，这样会把霉菌苞子带到更多的地方。

（2）中度发霉处理方法。中度发霉指墙纸墙布不但表面有霉斑，揭开后墙体也出现霉斑，并且墙纸已经出现翘边、卷曲、变形的现象。

解决方法：处理时，需要将旧墙纸墙布撕下，先喷除霉剂杀霉菌，再喷防霉剂。待墙面处理干净后涂刷墙基膜，重新贴墙纸或墙布。

中度发霉示例

（3）严重发霉处理方法。到这个程度，墙体已经粉化、脱层，没有任何附着力了。

一般这种情况，都有渗水或泡水情况发生。这种墙面在处理时，须先找到渗水或者泡水原因，解决潮湿源头。然后，将墙面腻子全部铲除，喷洒除霉剂、防霉剂。待全部干燥后批刮腻子，打磨，刷墙基膜后再进行施工。

墙纸内的墙面发霉

### 116. 潮湿季节怎样保持室内干燥？

>> 解答 在潮湿的季节，应在白天打开门窗，防止潮湿气体侵袭。家中也可多备一些吸水防潮的小物件，比如茶叶包、木炭包、洗衣粉等都是实用的防潮物品。此外，也可通过点蜡烛的方式防止潮湿。再者，空调、风扇和抽湿机这些电器都是蛮不错的除湿工具。

### 117. 墙纸保洁养护有哪些原则性规律？

>> 解答 墙纸维护需要结合产品材质进行处理，产品材质一般分为以下几类：PVC 胶面产品，纯纸基产品，纯无纺布产品，纯天然材质产品。要针对不同的墙纸产品做针对性的养护：

（1）无纺布墙纸用水擦洗后会有明显色差，不适合湿洗。

（2）大多墙纸有一定的耐擦洗性，因此，如沾上污迹，可用肥皂或其他清洗剂轻轻擦拭。

（3）对于有凹凸花纹的墙纸，可隔2—3个月用吸尘器清扫一次。

（4）注意不要用椅背、桌边等硬物撞击或摩擦墙面，以免墙面被破坏。

（5）天然材质的墙纸，需要对墙纸面层重点保护。

**119. 墙纸没上墙前正常，施工完并干透后，为什么显黑灰边缝？**

>> 解答 纸边污脏会造成这种情况。检查墙面和施工桌面是否太脏，清除多余的胶水，建议尽量避免在地上或者不干净的地方上胶。

**118. 墙纸施工拼缝后，拼缝两边出现明显色差，为什么？**

>> 解答 墙纸施工时出现色差，应先检查墙纸的型号和批号是否一致，再将未施工的纸铺平观察颜色是否有色差（对花、同方向），若是有色差应停止施工。如果墙纸是在施工后颜色有差异，应是光线或水分的反差造成的。

拼缝色差

**120. 墙纸墙布施工为什么会出现透底现象，怎么办？**

>> 解答 墙纸施工后露出底色或阴影，形成透底现象。造成透底现象的因素跟墙体、墙纸和施工三者密切相关：（1）墙体表面有色差，可能直接导致透底。

（2）浅色底色的墙纸，相对比较容易透底。

（3）无纺布底墙纸比较容易透底。

（4）调校过稀、上胶过厚或者不均匀，都可能导致透底。

已经形成的透底现象，除了墙纸底层水印，随着最终干燥会减轻或者消除，其他透底色差难以解除。

起泡示意图

**121.为什么出现气泡，怎么处理？**

**122.为什么出现胶泡，怎么处理？**

>> 解答 墙纸起泡是再常见不过的问题，主要是粘贴墙纸时涂胶不均匀导致后期墙纸表面收缩受力与基层分离水分过多，从而出现的一些内置气泡。其实解决的方法很简单，只要拿一般的缝衣针将墙纸表面的气泡刺穿，将气体释放出来，再用针管抽取适量的墙纸胶注入刚刚的针孔中，最后将墙纸重新压平、晾干即可。

>> 解答 墙纸墙布贴上墙后，有时会出现胶泡，这是刷胶过厚或者不均匀，且刮板批刮墙纸墙布表面时，批刮手法不当造成的。

解决方法：一方面要求刷胶不可过厚，要刷得均匀；另一方面要求刮板批刮墙纸墙布的手法标准，有序地、循环渐进地排出底层空气。忌东一刮板西一刮板胡乱刮，那样漏刮的地方往往会出现胶泡，或者会把胶层刮到某一处堆积起来，形成胶泡。

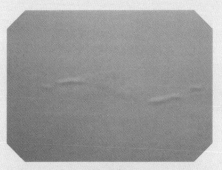

胶泡示意图

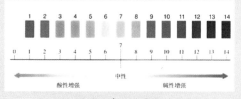

酸碱性参数示意图

（123.墙纸变色，怎么判断是纸的问题，胶的问题，还是施工的问题？）

▶▶ 解答 （1）墙纸变色与墙纸、胶和施工都有密切联系。墙纸种类越来越多，要求越来越高。墙纸生产厂家采用特殊的生产工艺，不少墙纸表面采用金属来辅助做花。金属对酸碱物质和水都比较敏感，容易变色。

（2）选择的墙纸胶产品不合适。胶粘剂产品大多为弱碱性和弱酸性，如果酸碱性过强会引起变色，造成色斑或者容易变黄。

（3）墙体碱性过高，墙面处理不好。墙基膜涂刷过薄或漏涂，不能在墙体表面形成一层保护膜，不能隔绝墙体里的碱性物质外渗，对墙纸进行腐蚀引起变色。

（4）墙体含水率过高，墙基膜施工后墙体里的水分不停地外渗。在墙基膜干透的这个过程中，因水分不停外渗，会给墙基膜造成很多毛细孔。墙纸施工完后墙体里的碱性会通过这些毛细孔渗透出来腐蚀墙纸。

水分外渗

（5）发霉引起变色。墙纸发霉到墙纸表面，破坏墙纸表面色素分子引起变色。

发霉引起变色

（6）施工方法不当。施工过程中错误使用刮板，粗暴施工，破坏了墙纸，墙纸表面防水保护层脱落而引起变色（这种大多出现在接缝处）。

（7）胶液溢出。胶液溢出擦洗过度。

胶液溢出

### 124. 哪些情况下，施工不当被当作墙纸质量问题？

>> 解答 墙纸墙布施工是一份细活，很多时候细节上一马虎，就可能影响墙

纸墙布的整体粘贴效果。有不少施工细节中的不当做法，往往被误认为是墙纸墙布质量问题，现在解析如下（当然，墙纸墙布产品本身质量问题，必然会导致施工效果差，这也是客观存在的，那属于另一类问题，这里不说了）：

（1）误将不同批号、卷号的墙纸贴在同一墙面，产生色差后认为是批内色差。

　　解决方法：购买及施工时一定要注意墙纸的批号。

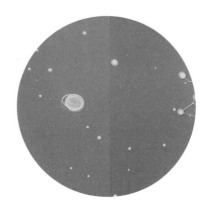

不同批号、卷号色差

（2）施工时采用品质不过关的墙纸胶，或墙纸背面上胶水涂刷不均匀，甚至漏刷，导致墙纸出现翘边，而误认为是无法粘贴。

漏刷墙纸边沿

解决方法：不要因为胶水价格影响家装大事，建议用品牌产品。同时涂刷胶必须认真到位。

（3）施工时为处理接缝，使劲用刮板刮擦，导致接缝两侧纹路受损，侧观时发亮，而误认为是侧观阴影。

解决方法：温柔施工。

（4）施工时墙纸表面用刮板或硬毛巾（有很多线头）使劲刮擦，导致印墨或金、银、珠光粉等脱落，而误认为是墙纸色牢度不够。

解决方法：力度适宜，温柔施工。

（5）施工时因手未洗净、毛巾太脏、墙面脏东西由接缝处渗出，导致接缝处发黑，而误认为墙纸材质问题。

边缝发黑

解决方法：勤换水，保持毛巾、海绵干净。

（6）施工时因胶水由接缝处大量溢出，后续未用海绵蘸大量清水洗净，墙纸上墙若干天后接缝处发黄，而误认为是质量问题。

溢胶擦胶显缝

（7）金属墙纸问题。施工时采用硬质刮板，导致金属表面受损；施工中误将胶液沾染到金属表面，导致色差，而误认为是墙纸质量问题。

解决方法：选择合理的施工工具，采取相应的施工保护措施。

（8）墙基膜未干粘贴墙纸，导致墙体碱性物质渗出，与墙纸材质发生化学反应，形成小疙瘩或者变色色差，而误认为是质量问题。

解决方法：墙面或者墙基膜未干时，不宜施工。

（9）墙纸贴完后马上开窗通风，导致墙纸边缝干燥加速，收缩加快，造成开缝显缝，而误认为是质量问题。

　　解决方法：施工后需要关门、关窗一定时间，让墙纸正常阴干。

干燥加速显缝

（10）因墙体渗水，导致墙纸粘贴过一段时间后，由底纸开始发霉，造成墙纸表面大面积变色，出现色斑，而被误认为是墙纸质量问题。

　　解决方法：墙面防潮很重要。需要做防水的地方，事先一定要做好墙面基层防水，并保持施工后室内的干燥，做好墙纸日常养护。

# 12

## 施工技能提升之三：

### 无缝墙布（冷胶）施工技能提升

**125.冷胶无缝墙布的基材有哪些分类？各有哪些优缺点？**

>> **解答** 冷胶无缝墙布的基材，有无纺布底、十字布底、涂层底和纸底（无纺纸底）。其中无纺布底占绝大多数。各种基材的特点如下：

| 无缝墙布基材类型 | 透气性 | 渗胶情况 | 粘贴附着力 | 拼接与毛边 | 膨胀与收缩（变形率） |
|---|---|---|---|---|---|
| 无纺布底 | 透气性好 | 容易渗胶 | 容易粘贴；附着力好 | 拼接效果差；容易毛边 | 无膨胀；无收缩 |
| 十字布底 | 透气性一般 | 一般 | 可粘贴；附着力一般 | 拼接效果一般 | 基本无 |
| 涂层底 | 不透气 | 不渗胶 | 可粘贴；附着力一般 | 拼接效果好 | 无膨胀；无收缩 |
| 纸底（无纺纸底） | 透气性一般 | 不容易渗胶 | 容易粘贴；附着力较好 | 拼接效果一般；有毛边 | 遇水膨胀；干燥时收缩 |

**126. 贴冷胶无缝墙布，出现溢胶渗胶，怎么办？**

>> 解答 墙布溢胶是墙布施工中最常见的问题，一旦出现，很难处理。有的客户用海绵擦，用清洁剂洗，用熨斗烫，不但没有解决问题，胶印反而还扩大了，还有的出现了更明显的水印。到底怎么办？应该根据具体情况进行补救：

（1）如果是少量渗胶，可以在渗胶完全干透之后，用较硬的刷子，顺着布纱刷除胶质物质，再用较软的刷子清洁墙布表面。

阴角渗胶

（2）墙布渗胶后如果已经用海绵、清洁剂擦过，或用熨斗烫过，一般更难清理，此前市场上基本束手无策，一般的清洁剂和清理方法往往无效。在

此建议采用专业清洁这类污痕的清洁产品，并按照针对性的专业清理方法。这一类技术还在进一步研发中，有兴趣者可联系嘉力丰学院（技术电话 0570-86905211）或者本书作者，以便及时了解和掌握最新技术。

亚麻墙布渗胶

**127. 冷胶无缝墙布施工，怎样避免溢胶渗胶？**

>> 解答 墙布不具备密封性，纱与纱之间的孔隙给渗胶提供了一定条件。贴墙布使用的胶如果调得具备较强的流动性，如胶稀、开放时间短，或者胶层过厚，则给渗胶进一步提供了条件。贴墙布时，流动性强的胶相对容易从墙布的纱与纱的孔隙间渗透出来，污染墙布表面，造成墙布表面色差。

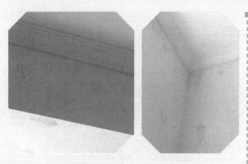

顶部渗胶　　　　　阴三角渗胶

阴角附近渗胶

在墙布施工中，渗胶情况是可以避免的，要点如下：

（1）要选择优质胶。优质的胶黏性强，保水性好。同等厚度的胶层，保水性好的胶更不容易渗胶；

（2）浓胶薄涂，墙上上胶务必均匀；

（3）有些师傅习惯使用较稀的胶，刷胶后建议墙布不马上上墙，应让墙面的胶层开放一定时间，使胶层达到一定的表干，再将墙布上墙。这样能有效降低胶的流动性，即减少胶层表面的水分；

（4）粘贴好后要保持通风干燥，降低墙体墙布的水分，进一步有效避免胶层物质往墙布表面渗透。

**128. 目前有哪些清洁产品，能清除墙布施工中溢到墙布表面的胶痕？**

>> 解答 目前市场上有大量清除中性污痕和油性污痕的清洁产品，但缺乏有针对性地清除胶痕和由清理胶痕造成的二次污染的专业产品。截至 2018 年，市场上已有的普通清洁产品对墙布胶痕的清理效果并不理想。本书编撰人员长期致力于墙纸墙布施工技术，将不断努力寻求突破。

**129. 墙布施工后，为什么表面出现"橘子皮现象"？**

>> 解答 墙布粘贴上墙后，墙布表面出现密密麻麻的许多微小疙瘩，看上去就像橘子皮一样，很不平整，但整体却比较均匀。这种情况被行业内称为"橘子皮现象"。

橘子皮现象 1

橘子皮现象 2

无纺布底墙布出现"橘子皮现象"的解析如下：

（1）无纺布底墙布上墙后，无纺布底大量吸收上墙的胶水混合物质，此后在干燥过程中，无纺布底的水分挥发，原来充分吸收胶水混合物质的无纺布底干燥变形，造成布面不平整。

（2）无纺布底的具体情况直接影响"橘子皮现象"的程度。无纺布底的紧致疏松程度，直接影响无纺布底吸收胶水混合物质的多少，吸收得越多，越容易造成"橘子皮现象"。

（3）施工中，调制的胶的稀稠度和施工上墙时间，直接影响是否出现"橘子皮现象"。胶越稀，上墙时间越早，越容易造成"橘子皮现象"。

## 130.怎样避免和解决"橘子皮现象"？

>> 解答 从造成"橘子皮现象"的因素入手，就可以减轻甚至规避"橘子皮现象"，具体操作要点如下：

（1）事先辨别无纺布底墙布的具体情况，针对性施工。对于无纺布底比较疏松的墙布，给予特别注意。

疏松且薄的无纺布底

疏松而偏厚的无纺布底

（2）强调浓胶薄涂。

（3）根据无纺布底墙布的具体情况，让墙面的胶层开放一定时间，在胶层表面半干不干的情况下，墙布上墙粘贴。

**131. 墙布施工后，出现线条状的黑色污痕怎么办？**

底层污染造成透底

>> 解答 首先辨识黑色污痕的来由，然后有针对性地解决问题。

（1）如果是墙布生产过程中带来的污痕，则只能更换墙布，重新粘贴。

（2）如果是墙布在运输时和上墙前碰触到灰尘等，则在上墙前给予清理。如果上墙前由于疏忽没有及时发现，上墙后才发现，则只能在发现时停止施工，给予清理。清理完成后才能继续粘贴。

（3）墙布上墙粘贴完成，并在墙布胶层完全干透后，我们才考虑解决污痕。这时候处理起来较麻烦。如果是墙布底层被污染造成的透底污痕，则可以考虑整面墙换布重新粘贴；如果是墙布表面污染造成的污痕，则可以通过判断污痕的属性，使用针对性的清洁剂给予清理。

**132. 墙布表面被弄脏怎么办？**

>> 解答 首先判断是什么属性的污染，然后采用针对性的清洁产品给予清理。粉尘类考虑使用鸡毛掸、吸尘器等清理；菜汤类考虑使用含有分解酶的清洁产品清理；中性的污痕用中性的清洁剂清理；油性的污痕用油性的清洁剂清理。

面层污染

中性清洁剂和油性清洁剂

**133. 刺绣无缝墙布的花出现偏离怎么办?**

**134. 无缝墙布会出现"烧纸现象"吗?**

>> 解答 刺绣无缝墙布的花,出现了偏离,如果不是很明显,上墙后可以利用布的拉伸性,给予一定补救;如果偏离得比较严重,墙布的拉伸性解决不了问题,则只能更换墙布。在具体施工中,应尽量做到墙布上墙前发现,并与厂家协商换布,从而保证墙布上墙效果。

>> 解答 墙面的碱性过强,墙面处理和滚刷墙基膜不合格,会造成墙纸的"烧纸现象"。无缝墙布到底会不会出现同类现象? 在此,给予准确答案:

(1)材质为布,与碱性物质接触,不会造成"烧纸现象"。

(2)目前无缝墙布的表面做花工艺中,有些采用了金属粉,金属粉和碱性物质接触,可以造成反应,形成色差、色斑。

(3)有的无缝墙布的底含有大量纸浆,这类底和碱性物质接触,能造成"烧纸现象",并影响到布面的色泽,形成色差、色斑。

绣花图案出现较大偏离

**135.** 有的无缝墙布表面碰到水有水印，碰到汗有汗印，怎么施工？

**136.** 无缝墙布怎么拼接才好看？

>> 解答 原则上，应严格保护布面，不让其碰水、碰汗。具体要点如下：

（1）严格控胶、刷胶，不溢胶渗胶。

（2）粘贴上墙后，严禁用湿海绵、湿毛巾擦拭墙布表面。

（3）带白色棉手套施工，及时更换脏的手套。

（4）施工前、施工中、施工后全面保护墙布。

>> 解答 无缝墙布拼接难度比墙纸大，但注意以下几点也能拼接出较好效果：

（1）好刀。一把锋利的刀，能大大降低毛边程度。

（2）好刀工。刀工包括用刀裁切时对角度和力度的熟练掌握。

（3）辨识具体墙布产品的品性。有的墙布容易裁切，有的则比较难，需要区别对待。

（4）裁切拼接时的辅助工具。合理使用辅助工具，如保护带、不锈钢垫片等，就可以做到拼接齐整，并避免溢胶带来的污痕。

表面不能碰触水的墙布

墙布拼接

## 137. 怎样施工才能避免阴角出现"圆角现象"？

**>> 解答** 无缝墙布粘贴过程中，出现"圆角现象"，有两种情况：

（1）由于墙面阴角不规范、不直，导致墙布上墙后出现圆角。在施工前，必须检查阴角是否规范，如果严重不规范，需要跟相关人反映，通过协商，要求对方做出处理，达标后才能施工。

（2）施工不当造成"圆角现象"。无缝墙布施工过程中，粘贴一面墙后，没有完全做好阴角粘贴，接着直接粘贴阴角连接的另一面墙，就会造成墙布在阴角区域的"圆角现象"。要避免这种情况，就必须强调施工规范，贴好一面墙后，必须接着做好阴角粘贴，然后才可以粘贴阴角连接的另一面墙的大面。

墙布阴角粘贴效果

## 138. 无缝墙布施工，出现胶泡怎么办？

**>> 解答** 无缝墙布出现胶泡，是刷胶不均匀或刮刷不当造成的，可以用蒸汽熨斗熨烫，这在一定程度上能达到比较好的效果。

蒸汽熨斗

## 139. 真丝（仿真丝）无缝墙布怎么贴？

**>> 解答** 目前市场上的真丝（仿真丝）无缝墙布大部分为雪纺、色丁、奥力纱、乔其纱、佳丽纱等，都属于仿真丝面料。

仿真丝面料

条纹墙布

具体粘贴要点如下：

（1）粘贴之前，务必处理好墙面，否则会严重影响真丝（仿真丝）墙布的布面效果。

（2）这些面料工艺成熟，在粘贴和刮刷布面时，务必给予对应的保护措施，忌粗暴施工。

（3）面层如果被污染，考虑到面层工艺的独特性，相对难以处理，因此应特别注意渗胶透胶造成污染。

条纹扭曲严重影响粘贴效果，完工验收中往往难以通过。怎样做好条纹无缝墙布粘贴？在此给出方法和步骤：

（1）挂布。挂布时第一个条纹保持与阴角平行，第一个墙面的最后一个条纹和另一个阴角平行。

（2）找到中间点，做好中间点粘贴。然后用毛刷从中间点往上、往下做好粘贴。

（3）依次找到中间点和边沿之间的第二个中间点，从这个中间点往上、往下做好粘贴。

（4）以此类推。直到完全完成整个墙面粘贴。

（5）用同样方式完成整个房间的粘贴。

## 140.条纹墙布怎么施工效果好？

>> 解答 目前条纹墙布基本都是竖条纹，由于竖条纹本身独有的视觉效果，无缝条纹墙布粘贴不当，就会造成条纹不直、像蚯蚓一样扭曲的情况。

## 141.纱线无缝墙布怎么施工？

>> 解答 纱线无缝墙布以纬纱为主。

纱线无缝墙布效果

142. 有的无缝墙布会缩水，怎么办？

　　纱线无缝墙布的粘贴，除了要注意普通墙布的粘贴要点之外，还要特别注意以下几点：

　　（1）传统的纱线墙布保持了纱的手感，但往往容易受损起毛球，需要给予特殊保护。

　　（2）传统纱线墙布的表面不适合碰水碰胶，忌溢胶擦胶。

　　（3）纬纱的方向决定了毛刷和刮板的手法，务必重视。

　　（4）由于天花和踢脚线不水平，纬纱的无缝墙布粘贴后，天花附近区域和踢脚线区域会出现断纱现象，这属于正常现象，但必须事先告知相关人员，免得验收时产生纠纷；

　　（5）目前纱线类产品的表面，有些已经做过一定的涂层保护处理，这一类纱线无缝墙布，即便碰到水或者少量胶，经过轻轻擦拭后也基本良好。但注意，不是所有纱线产品都能用水擦拭。

**>> 解答** 对于缩水的无缝墙布，只要采取针对性施工，一样能做出不错的施工效果。具体方法如下：

　　（1）掌握好控胶刷胶，浓胶薄涂。

　　（2）让墙面的胶层开放一定时间，使墙面胶层表层的水分得以挥发。

　　（3）延迟裁边。墙布上墙粘贴，但不立即裁边；墙布粘贴后等一定时间，让墙布边沿充分收缩后，再进行裁边。

　　（4）压边。使用压轮仔细将裁边区域压服帖，增强墙布边沿跟墙面的黏合。

缩水粗麻墙布　　　　　缩水麻混墙布

# 13

控胶技术::

合理使用墙纸墙布胶

143 市场上一般用什么产品粘贴墙纸墙布？

144 什么样的胶才算好的墙纸墙布胶？

145 胶粉胶浆怎么调制？

146 胶粉胶浆有什么局限性？

147 免胶浆胶粉是什么？

148 超强粘力王怎么调胶？

149 为什么说糯米胶是贴墙纸墙布的『万能胶』？

150 叫糯米胶的不都是糯米胶，为什么这么说？

151 为什么不建议使用廉价墙纸墙布胶？

152 糯米胶怎么调胶？

153 市面上还有哪些具有特殊功能的墙纸墙布胶？

154 植物纤维胶是什么？植物纤维胶怎么调制？

155 纯纸专用胶有什么特殊性能？怎么使用？

156 可食用糯米胶能不能食用？

157 可调糯米胶和免调糯米胶有哪些区别？

158 免调糯米胶不能兑水吗？

159 墙布专用胶有什么特点？怎么使用？

## 143. 市场上一般用什么产品粘贴墙纸墙布？

>> 解答 早期，人们将胶粉、胶浆调制成墙纸胶来粘贴墙纸，近年，糯米胶完全成为主流，已经很少人再用胶粉、胶浆了。目前市场上糯米胶品种众多，已经开发出许多功能，充分繁荣了墙纸胶市场。

## 144. 什么样的胶才算好的墙纸墙布胶？

>> 解答 好的墙纸墙布胶必须具备以下特性：

（1）黏性好，并且持久、不易老化。优质天然变性淀粉的墙纸墙布胶，具备这个特点；而掺杂树脂胶的墙纸墙布胶，则无法长久保持黏性。

（2）环保性能好。目前品牌墙纸墙布胶，基本能做到一定的环保性，且优秀墙纸墙布胶更做到了可食用级别，完全超越了一般的环保性能。

（3）容易涂刷，方便施工。墙纸墙布胶要想在保持优越的黏性和环保性能的同时，又做到容易涂刷很不容易，但目前已经被少数行业、领军企业突破并成功达成。

（4）稳定性强。稳定性能强的墙纸墙布胶，在不受污染的情况下，即使存放时间长于普通保质期，也能继续使用而不变质。

嘉力丰智慧嘉糯米胶，防霉墙纸胶，婴童糯米胶

墙布专用胶，环保糯米胶（高端墙布胶），护家免调糯米胶

145. 胶粉胶浆怎么调制？

>> 解答 调制流程如下：

（1）在配制前确保工具清洁。

胶粉、胶浆产品图

（2）参照产品说明，在容器中倒入适量的水并搅动（在调胶过程中，施工人员要根据墙体、墙纸、气候、温度、湿度情况，确定水的具体量）。

倒入水并搅动

（3）缓慢倒入胶粉，同时继续搅拌，直至胶粉与水均匀混合。

倒入胶粉并搅伴

（4）放置一定时间（一般在5—15分钟，越好的胶需要放置的时间越长）。

胶粉静置

（5）适量加入配套的墙纸胶浆。

加入墙纸胶浆

（6）注意浓稠度是否适合要贴的墙纸，如果需要稀些，则酌情加入适量的水。

查看浓稠度

（7）搅拌均匀即可使用。

### 146.胶粉胶浆有什么局限性?

>> 解答 由于胶粉黏结力不足，因此需要加入胶浆增加黏性，最佳的配比为1:1，即一盒胶粉与一瓶胶浆混合使用。但由于胶粉天生的黏结力相对比较弱，导致胶粉、胶浆调制的墙纸胶的黏结力始终不太强，故建议只用于单位克重在400 g以内的墙纸，超过此克重的厚重墙纸墙布不适合用此类胶。另外，含有金属粉成分的墙纸也不适用此类胶，因为胶浆会和金属粉产生化学反应导致墙纸变色，在墙纸面层产生不规则色差。

## 147. 免胶浆胶粉是什么？

>> 解答 免胶浆胶粉是墙纸粉的一种，属高黏性墙纸胶粉，采用植物材料制造，具有高强力的黏结力，是完全无毒、无害，属于绿色环保的健康型产品。超强黏力王就是免胶浆胶粉类产品的佼佼者。近年，市场上还有"二合一"免胶浆胶粉包装，将胶浆和胶粉包装在同一包装盒内。这类产品与前者不同，毕竟算不得真正没有胶浆，如果不适合用胶浆成分粘贴的墙纸墙布，也不适宜用这类产品。

超强粘力王（嘉力丰免胶浆胶粉产品）

## 148. 超强粘力王怎么调胶？

>> 解答 超强粘力王调配流程如下：

（1）在配制前确保工具清洁。

（2）在容器中倒入适量的水（参照产品说明）并搅动。

倒入水并搅动

（3）缓慢倒入胶粉，同时开始搅拌，直至胶粉与水均匀混合并充分糊化。

倒入胶粉并充分糊化

（4）放置 15—20 分钟，并充分搅拌，即可制成效果优异的墙纸胶液。

搅拌均匀

**149. 为什么说糯米胶是贴墙纸墙布的"万能胶"？**

>> 解答 市面上可见的绝大多数墙纸墙布产品，基本上可以使用糯米胶粘贴。而其他类型的胶则远远做不到这一点，所以，糯米胶又被称之为"万能胶"。

**150. 叫糯米胶的不都是糯米胶，为什么这么说？**

>> 解答 对于糯米胶，有必要了解以下几点：

（1）糯米胶由嘉力丰公司命名，此后迅速普及全国。

（2）糯米胶采用优质天然变性淀粉，从而保证了强黏性和优越环保性。

（3）以廉价淀粉为材料，为了达到必要的黏性，掺杂化工类树脂胶的产品，由于包装和外表看上去与糯米胶差不多，也冠名为糯米胶，但不属于真正意义上的糯米胶。

（4）以廉价淀粉为材料，未掺杂化工类树脂胶的产品，虽然环保性也得到了基本保障，但黏性指标较弱，无法达到真正糯米胶的长久、稳定、强黏性。

嘉力丰糯米胶

**151. 为什么不建议使用廉价墙纸墙布胶？**

>> 解答 过于廉价的墙纸墙布胶，没有选用优质材料，胶的黏性、环保性能和稳定性得不到保证。

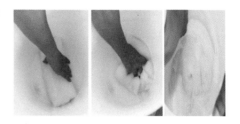

（3）分数次加入适量的清水，并充分搅拌稀释，即可制成效果优异的墙纸胶（总加水量为 1—2 kg，稀释过程为 10—15 分钟）。

调好的糯米胶

**152. 糯米胶怎么调胶？**

>> 解答 糯米胶调配流程如下：

（1）在配制前确保工具清洁。

（2）将糯米胶倒入容器中充分搅拌。

**153. 市面上还有哪些具有特殊功能的墙纸墙布胶？**

>> 解答 有植物纤维胶、纯纸专用胶、防霉胶和墙布胶等。这些胶往往针对某类墙纸或者墙布特性，改良、强化某种特定功能，目的在于更好粘贴该类型的墙纸或者墙布。

**154. 植物纤维胶是什么？植物纤维胶怎么调制？**

>> 解答 植物纤维胶在具备超强黏结力的同时，更有优异的流平性，易调兑、易施工、易擦洗，大大降低了施工难度，保证墙纸高品质粘贴效果。植物纤维胶调胶方法如下：

（1）在配制前确保工具清洁。

（2）将产品倒入容器中，取清水 1.8—2.4 kg。

（3）首先加入约 10% 的水搅拌均匀，接着再加入约 30% 的水搅拌均匀，最后加入剩余的水搅拌均匀，即可制成黏力优异的墙纸胶液。

植物纤维胶

应用参数表：

| 墙纸种类 | 比例（胶：水） | 黏度值（mpa·s） | 粘贴面积（m²） |
|---|---|---|---|
| 轻墙纸 | 1：（1.2—1.5） | 41000—45000 | 15—22 |
| 重型墙纸 | 1：0.8 | 67000 | 12—18 |

**155. 纯纸专用胶有什么特殊性能？怎么使用？**

**>> 解答** 跟糯米胶相比较，纯纸专用胶粘贴纯纸墙纸时，纯纸上墙后收缩率更小，因此该产品能更好解决纯纸上墙干燥后的开缝问题。纯纸专用胶属于免调胶，可参照说明使用，一般不加水，即便加水也只能加少量的水（一定不要超过20%）。

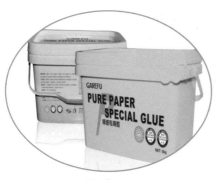

纯纸专用胶

**156. 可食用糯米胶能不能食用？**

**>> 解答** 可食用糯米胶全部取材于食品级原材料，对人体完全无害。当然，如果一定要把可食用糯米胶当作食物的替代品，那至少没有米面、饭菜、鱼肉好吃。

**157. 可调糯米胶和免调糯米胶有哪些区别？**

**>> 解答** 可调糯米胶和免调糯米胶的区别在于调制墙纸胶水环节。可调糯米胶需要按照专业标准的步骤来调制，把糯米胶放置于干净的桶内，先

把它搅拌成拉丝状，然后分几次加水，且加水量逐步加大；每次加水后都要搅拌均匀、充分，总加水量符合要贴的墙纸墙布的要求。而免调糯米胶一般不需要加水调制，直接稍微搅拌就可使用。

可调糯米胶涂刷面积比免调糯米胶大，性价比高，但是对于非专业施工人员来说比较麻烦，容易出错。免调糯米胶适用于非专业施工人员施工。

免调糯米胶简介：
嘉力丰免调糯米胶采用食用型糯米淀粉为主要原料。助剂采用食品行业的山梨酸钾、食用乙醇、食用白醋，确保品质达到高环保性能要求，保证产品环保、健康。本品为免调型产品，施工时无须兑水。

主要成分：食用玉米淀粉
贮存：放置于干燥、通风处，
　　　　5℃＜储存温度＜30℃。
保质期：12个月
生产日期：见包装
净含量：2 kg

免调糯米胶

### 158. 免调糯米胶不能兑水吗？

>> 解答 免调糯米胶一般不加水，在特定墙面、特定墙纸等情况下，如果要加水，也是可以的，但要严格控制加水的量。免调糯米胶加水必须严格控制在20%以内。

159.墙布专用
胶有什么特点？怎
么使用？

>> 解答 最近几年，墙布崛起，于是也出现了墙布专用胶。墙布专用胶，是在原来墙纸胶的基础上，结合墙布的特点，做出针对性微调的产品，是为了让墙布粘贴上墙后达到更好的效果。优质的墙布专用胶，除了具备原来优质墙纸胶的黏性强，以及环保、容易涂刷和稳定等特点外，还针对墙布空隙相对容易渗胶的特点做了改良，使得墙布在施工过程中，更不容易渗胶；并且针对墙布相对厚重的特点，进一步增强了胶的黏性，从而保障更好的施工效果。

墙布专用胶

14

测算技术：

墙纸墙布用量计算

## 160. 市场上一般怎样计算墙纸用量?

>> 解答 以下是一个简单的算法,计算墙纸用量可以以此入手。这也是市场上常见的算法:

(1)先要算出每卷墙纸可以裁多少幅:

**算法**:墙纸的长度 /(房间的高度 + 对花距离)= 每卷可裁出的幅数

**例如**:要选购 0.53 × 10 m 的墙纸,房高是 2.8 m,花型循环是 20 cm。

10 ÷(2.8 + 0.20)= 3.33 幅(这里要选择去掉小数)= 3 幅

**备注**:一般层高在 2.4 m—3.1 m 之间,一卷墙纸只可以裁到 3 幅。一卷裁 3 幅后的余料,可以用在窗户上下和门上这些地方。

(2)需要多少幅墙纸:

**算法**:房间周长 / 墙纸的宽度 = 所需的幅数

**例如**:还是选 0.53 × 10 m 的墙纸,房间周长为 18 m(周长是扣除门和窗的宽度后的)。

18 ÷ 0.53 = 33.96 幅(这里要凑整)= 34 幅

(3)折合成卷:

**算法**:所需墙纸的幅数 ÷ 每卷墙纸可裁成的幅数 = 卷数

**例如**:34 幅墙纸 ÷ 3 = 11.33 卷(这里要凑整)= 12 卷

## 161. 怎么精准计算和确认墙纸用量?

>> 解答 与简单概算不同,精准计算可以具体精细到厘米,甚至可以更精细。

(1)测量房间,如下图所示:

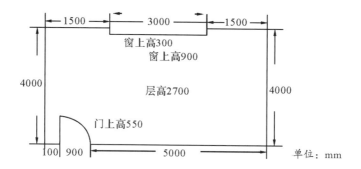

a. 测量房间高度为 2.7 m（房间层高 – 吊顶高度 – 踢脚线高度）。

b. 测量房间周长：4 + 4 + 3 + 1.5 + 1.5 + 5 + 0.9 + 0.1 – 0.9 – 3 = 16.1 m（房间周长 – 门宽 – 窗户宽）

墙纸规格：幅宽 53 cm，长度 10 m。

下面以一卷规格为 0.53 m × 10 m，花距为 0.64 m 的墙纸为例，假设上一步算出的高度为 2.6 m，计算这卷墙纸能裁剪的数量。

（2）常用计算方法：

a. 素色墙纸算米数

层高 × 主幅数 + 窗上下用纸 + 门上用纸 = 2.7 m × 31 幅 +（0.3 m + 0.9 m）× 6 幅 + 0.55 m × 2 幅 = 92 m

92 m ÷ 10 m 每卷 = 9.2 卷 = 10 卷

b. 花距：64 cm 平行对花

主幅需要的花朵数为：2.7 m ÷ 0.64 m = 4.2 朵 = 5 朵。

一卷纸可裁剪的花数是：10 m ÷ 0.64 m = 15.6 朵。即一幅纸可剪裁成 15 朵花。

5 × 0.64 m = 3.2 m    10 m ÷ 3.2 m = 3.2 幅 = 3 幅纸

计算窗上、窗下和门上花数：

主幅数：31 ÷ 3 = 10.3 卷；

窗上下的用纸量为 0.3 m，窗下为 0.9 m，分别为一朵、两朵花距离，所以窗上下会用到的总花数是：（1 朵 + 2 朵）× 6 幅 = 18 朵；

门上是 0.55 m，会用到一朵花，所以用的花朵数是 1 朵 × 2 幅 = 2 朵；

门上下，墙上的用纸量是：（18 朵 + 2 朵）÷ 15 朵每卷 = 1.3 卷；

故总用纸量 = 10.3 + 1.3 = 11.6 卷，所以用纸量为 12 卷。

c. 花距：64 cm 交错对花

一般错位对花墙纸，每幅纸的长度 = 0.64 m × A（花数）+ 0.32 m；

当 0.64 m × A（花数）+ 0.32 m = 2.7 时，A = 3.7（向前取整）= 4 朵花。

第一幅长度为 2.75 m，剩余幅长度为：0.32 × 9 = 2.88 m。

墙体所需卷数为：主幅数 31 ÷ 3 = 10.3 = 11 卷

一卷墙纸：2.88 × 3 = 8.64    10 − 8.64 = 1.36

窗户所需：0.64 × 1 × 6 + 0.64 × 2 × 6 = 11.52

门头所需：0.64 × 2 = 1.28

剩余米数：1.36 × 11 = 14.96 > 11.52 + 1.28

答：所以总共需要 11 卷墙纸。

（3）计算幅数：

按照国际标准，墙纸的常见规格主要有：53 cm × 10 m，70 cm × 10 m。（市面上有一些长度不足 10 m 的，墙纸下单前需要确认，并作为计算中的要素。这个例子中依旧以国际标准尺寸来计算。）

a. 主幅数 = 周长 ÷ 幅宽 = 16.1 m ÷ 0.53 m = 30.37 幅 = 31 幅；

一般多于 30 幅则按照 31 幅来算。

b. 窗上下的幅数 = 窗长 ÷ 幅宽 = 3 m ÷ 0.53 m = 5.7 幅 = 6 幅；

c. 门上的幅数 = 门宽 ÷ 幅宽 = 0.9 m ÷ 0.53 m = 2 幅。

162. 怎么计算无缝墙布用量？

≫ 解答 （1）测量房间高度。

无缝墙布为定制产品，定高不定宽，一般高度为 270—320 cm。测量贴墙布的墙面高度。比如，测量出墙面高度为 275 cm，则适当放宽 5 cm 以上，所需要的墙布款式高度最好为 280 cm 以上。

（2）测量墙面周长。

假设有一个卧室平面图，宽 300 cm，长 500 cm，那么周长是（500 cm+300 cm）×2=1600 cm。

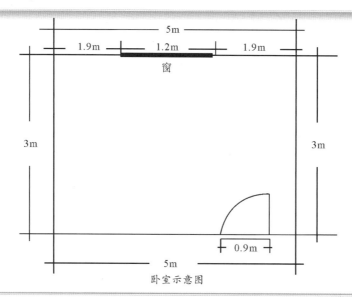

卧室示意图

（3）计算购买数量。

购买数量＝墙布高度（大部分厂家固定高度）× 房间周长

如上图，所需购买数量＝2.8 m×16 m＝44.8 m²，更多是购买米数。

3.1 m+3.1 m+5.1 m+5.1 m（3 m，3 m，5 m，5 m，分别是 4 面墙的宽度，0.1 m 为预留损耗）＝16.4 m，此为下单给工厂的米数。

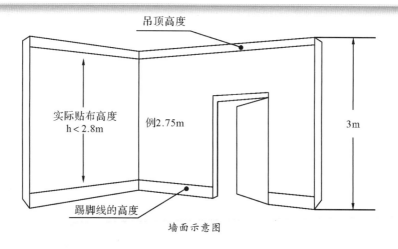

墙面示意图

163. 计算无缝墙布用量时,门头、窗户等地方的用量到底拼不拼接?

>> 解答 (1)门头、窗户等地方拼接效果必然不如无拼接。从墙布施工效果角度来说,建议不做拼接,而用整块布粘贴。

(2)门头拼接确实可以节省用料,但节省的用量有限。多数购买者只知道省料,却不知道具体节省多少。有些业主事后发现一套房只节省了三五百元,却不得不忍受多处拼接缝隙,十分后悔。

(3)无缝壁布不适合拼接,除非施工工艺无法避免,否则都建议使用整块布粘贴。

# 15

正确选择与使用工具

● 164 墙纸墙布施工时，使用软毛刷和使用刮板有什么差别？

● 165 压轮起什么作用？怎么使用？

● 166 阳角压轮和阴角压轮怎么使用？

● 167 墙纸裁刀起什么作用？怎么使用？

● 168 除旧墙纸滚有哪些作用？

● 169 墙纸墙布施工还有哪些常见工具？

**164. 墙纸墙布施工时，使用软毛刷和使用刮板有什么差别？**

>> 解答 刮板主要用于一些常规墙纸的施工，软毛刷用于天然材质墙纸，金箔纸、无纺布、砂岩类墙纸和一些纺织面墙纸墙布的施工。两者的差别在于两个方面：

（1）软毛刷可以保护墙纸表面不受损坏；对于天然材质墙纸，金箔纸、无纺布、砂岩类墙纸和一些纺织面墙纸墙布，如果简单使用刮板施工，很可能会伤害墙纸墙布表层，造成破损。

（2）软毛刷可以保障施工效果，提高施工效率。软毛刷根据毛的长度分为短毛刷、中毛刷、长毛刷，长度越长，对墙纸表面的力越柔和，越适用于面层娇弱、容易破损的墙纸。

毛刷

不锈钢平压轮

注意掌握各种压轮的软硬程度，谨防伤害墙纸表面。

165.压轮起什么作用？怎么使用？

>> 解答 压轮的作用是压平墙面上某些特定部位的墙纸，这些特定部位包括阴角、阳角、墙纸边缝等区域。压轮也因此可分为阴角压轮、阳角压轮、平压轮等几种，而根据材质又可分为PM塑胶压轮、TM橡胶压轮、不锈钢压轮和大理石压轮。应针对不同的墙体、墙纸情况选择不同的压轮。

平压轮用于墙纸接缝处的处理，通过压滚排放墙纸接缝处的空气，使接缝处墙纸与墙体连接更加紧密，防止墙纸翘边、开缝。

166.阳角压轮和阴角压轮怎么使用？

>> 解答 阳角压轮用于阳角位置墙纸的施工。待墙纸粘贴完毕后，阳角处易空鼓，这时需要使用阳角压轮处理，使阳角处更加完美。使阳角压轮的槽口与墙体的阳角紧密结合，注意压轮一些特殊材质的墙纸时，谨防出现白边。

塑料平压轮

阳角压轮演示

阴角压轮演示

阴角压轮用于阴角位置墙纸的处理，压轮紧贴阴角位置，确保阴角位置空气排放出来。阴角处易翘边和开缝，因此需要压实墙纸、排放墙纸内空气，防止墙纸翘边。

压边对裁

## 167. 墙纸裁刀起什么作用？怎么使用？

>> **解答** 墙纸裁刀又称墙纸裁纸尺，在墙纸裁切时，用于保证裁切的墙纸是直线，多用于顶部和踢脚线位置的裁纸。也可在墙纸施工之前用于处理墙面上的小颗粒。

在压边对裁时，与墙的角度控制在 45° 以内，这样才方便确保墙纸刀与墙体垂直。

## 168. 除旧墙纸滚有哪些作用？

>> **解答** 除旧墙纸滚是专业除旧墙纸工具，使用时将其放在墙纸表面滚动并刺出小孔，然后将水喷洒或滚刷至墙纸表面，使水渗入墙纸内并充分浸润墙纸，这时就可轻易撕下旧墙纸。同时，除旧墙纸滚还有处理乳胶漆旧墙面的作用，当墙基膜无法渗入乳胶漆层时，可以用除旧墙纸滚滚过乳胶漆面，破坏乳胶漆面层的封闭性，然后涂刷墙基膜，这样可以更好起到处理乳胶漆旧墙的作用。

除旧墙纸滚（俗称狼牙棒）

**169. 墙纸墙布施工还有哪些常见工具？**

>> 解答 除了上面介绍的几个重点工具之外，常见的工具还有：

滚筒：用于施工时墙面上胶，注意及时清洗，上胶前挤出多余水分。

刮板：墙布表面施工用，刮动顺序是由里至边，将墙布上下贴齐后再按顺序进行铺贴，并赶出多余气泡；一般多用于普通墙纸施工。

软毛刷：多用于需要特别保护的墙纸墙布施工，如纯纸墙纸、纺织面墙纸、天然材质墙纸和各种墙布的施工。

卷尺：用于画线，丈量切割及辅贴时也可使用。

海绵或毛巾：用于擦去边缘渗出的胶水，是清洁施工工具。

水平仪：用于确定墙纸墙布边角百分百垂直或水平，本设备在墙纸墙布施工时是不可少的专业工具。

搅拌器：用于高效搅拌分散，可调节搅拌速度，省时省力。

胶桶、水桶：分别在打胶、清理毛巾时使用。注意胶桶边缘无余胶。

上胶桌：纸上上胶的时候，用来铺放墙纸，方便上胶，保证墙纸的洁净。

上胶机：代替手工上胶。分为手拉、手动和全自动三种。

墙布地垫：以防成品地板被污染、划伤，如不具备条件，用废布或纸板代替，用厚报纸也可。

蒸汽熨斗（又叫热烫机）：用于热胶墙布施工。

工具包：用于携带上述工具。

梯子：注意施工前做好包角、保护套以防止划伤地板。

# 16

## 不得不回答业主的一些问题

**170. 为什么说墙纸墙布更适合室内墙壁装修?**

>> 解答 墙纸墙布产品是一种用于屋内墙壁的装修材料,广泛用于住宅、办公室、宾馆、酒店的室内装修等。材质与纸密切相关,但不局限于纸。

墙壁贴墙纸效果图

墙纸墙布因为具有色彩多样、图案丰富、豪华气派、安全环保、施工方便、价格适宜等多种优势,成为其他室内装饰材料所无法比拟的主流产品,在欧美、日本等发达国家和地区得到了极大程度的普及。

**171. 用墙纸墙布装修室内墙壁的人多吗?**

>> 解答 很多。欧美发达国家比如美国、英国、法国和意大利等,墙纸墙布的使用率超过90%,有的甚至接近百分之百。俄罗斯、日本的家居装饰中,墙纸墙布的使用率也接近百分之百。

**172. 家里装修贴墙纸墙布好不好?**

>> 解答 目前很多人对墙纸墙布还不是很了解,这里介绍一些使用墙纸墙布的优点:

(1)颜色持久。当我们选择墙面涂漆时,在墙面漆的调色中,难免会出现微小的色差,刷到墙面上的色调往往与自己当初的设想不完全一致。但纸基乙烯膜墙纸有较强的抗氧化力,颜色不易褪去。

卧室示意图

## 173. 室内墙壁装修用墙纸墙布，贵吗？

（2）防裂，覆盖力强。对不是特别平整的墙面，甚至有细小裂纹的墙面，都有一定的覆盖力。

（3）施工速度快。一套 100 m² 左右的住房，由专业的墙纸墙布施工人员张贴，两三个人两三天即可完成，丝毫不影响客户的正常生活。

（4）不易损伤。在一般撞击下，墙纸墙布是不易被损害的，不像一般装饰墙面磕碰后掉粉、掉皮。家里小孩在墙面上涂鸦、粘不干胶，也容易修补。

（5）健康指数高。墙纸墙布一般由三部分组成，纸基和油墨是其中两部分，另外一部分取决于墙纸墙布材质的分类。从材质组成成分来看，墙纸墙布相对更加适合室内装修的环保与健康要求。

（6）营造氛围。选购自己喜欢的墙纸墙布，与室内装饰风格协调搭配，即可很好地突出房间的整体效果和温馨的家居气氛。

**>> 解答** 跟任何行业的任何产品一样，墙纸墙布也分高中低三档，有贵有便宜。以墙纸为例，具体多少钱参照以下案例：一个 20 m² 的卧室需要的花费：一卷墙纸 5 m²，实贴超过 4 m²。20 m² 的房子大概有 43 m² 的墙面，也就要用去 9 卷到 10 卷墙纸，用 100 块 / 卷的中端墙纸，小计需要 900—1000 元；再加上普通常规墙纸的工费 30 元 / 卷左右，小计需要 300 元左右，这样墙纸和工费的总价大概是 1200—1300 元。贴墙纸的辅料依据各地门店情况，有的包含在墙纸价格里，更多的是另外计算，具体价格还根据辅料品牌价格和各地门店实际情况而定，但大多在 6—10 元 / 平方米，如果以 8 元 / 平方米计算，辅料需要 430 元左右。这样一个房间算下来，总价在 1700 元左右。

当然，以上案例仅供参考，毕竟墙纸墙布的价格很多，高端墙纸墙布价格不菲，特别是特殊材质的墙纸墙布的工费会比较高，天然材质的墙纸墙布要贴好，工费大多在 50 元 / 卷甚至 100 元 / 卷以上。

超强粘力糯米胶 　　超强全护墙基膜

## 174. 贴墙纸墙布需要哪些材料？

>> **解答** 贴墙纸墙布的主要材料有以下三种：

（1）墙纸墙布；

（2）贴墙纸墙布的墙纸墙布胶；

（3）处理墙面的墙基膜，目的是让墙纸墙布能更紧密地贴到墙上。

墙纸产品图

## 175. 墙纸墙布怎么贴到墙壁上？

>> **解答** 墙纸墙布具体怎么贴，这是一个专业工种的技术活，本书的全部内容都在解说这个问题。在此，只简单用一句话概括：把墙纸墙布胶涂刷在墙纸墙布背面或者墙上，然后把墙纸墙布贴到墙上。

纸背上胶图

墙上上胶图

优秀师傅贴的完美效果

**176. 技术技能不同的墙纸墙布施工师傅去施工，效果会不同吗？**

>> 解答 会完全不同。墙纸墙布产品要贴到墙上才算完成装饰效果，粘贴得好不好，很大程度影响了墙纸墙布的装饰效果。从这个意义来说，没贴上墙的墙纸墙布产品只算是半成品。行内有句老话：三分产品，七分施工。下面是不同的两个师傅做的施工，可对比效果。

不合格的粘贴效果

**177. 墙布是什么？施工难吗？**

>> 解答 每个产品面世都有一定的历史渊源，现在大家常说的墙纸和墙布，两者渊源颇深。墙纸出现更早，早期出现在市场上的墙纸，主要以PVC墙纸为主。后来，随着墙纸行业的发展，墙纸品种越来越多，开始出现纺织物做面的墙纸。

纺织物面给人带来布的传统触感，很快被市场认可并得以扩大。之后，纺织面墙纸出现了定高或者定宽的规格，成为墙布，并最终发展到现在的无缝墙布。

定宽墙布

无缝墙布

因为墙布材质相对比较单一，决定了墙布施工相对比墙纸简单，但墙布施工后，如果出现局部破损、污垢等问题，往往要大面更换，损失大。此外，墙布施工，在阴角处理和包窗等细节上与墙纸施工有明显区别。

## 178. 墙布和墙纸，哪个好？

>> 解答 墙布和墙纸是一个大类下不同的子类产品，各有特性。墙纸的品类、花色、风格、材质特别多；墙布有着布的质感，但品类相对单一。这两者之间没有哪个好哪个不好的区别，只看哪个更符合具体客户意愿。

## 179. 墙布和墙纸，哪个贵？

>> 解答 跟上一个问题类似，这两个不同的品类不好做直接的价格对比。只能说，高端的墙布比一般的墙纸贵，高端的墙纸比一般的墙布贵。没有绝对的价格高低之分。同个层次的墙纸墙布，成本价格其实相差并不大。

**180. 业主自己能贴墙纸墙布吗？**

▶▶ **解答** 贴墙纸墙布不需要高科技，普通人在一定的专业指导下可以进行粘贴；同时，贴墙纸墙布跟室内装修的其他工种一样，属于技术活，不但需要熟练的手艺，还需要耐心、细心，一般新手没法做到比较好的粘贴效果。对于难贴的墙纸墙布产品，或者要复杂处理的墙面，建议让专业的施工师傅粘贴，以保证粘贴效果。

粘贴失败效果示例一

粘贴失败效果示例二

**181. 毛坯房能不能直接贴墙纸墙布？**

▶▶ **解答** 不能。别抱有侥幸心理，毛坯房直接贴墙纸墙布，没有不出问题的。

**182. 墙面刷了乳胶漆能不能贴墙纸墙布？**

▶▶ **解答** 墙面刷了乳胶漆能贴墙纸墙布，但是必须对乳胶漆墙面做仔细检测和处理，否则很可能会出现翘边、拱起、脱落等多种问题。一个专业的墙纸墙布施工师傅，必须能辨识和妥善处理该墙面情况（怎么检测和处理乳胶漆墙面，可查看前面墙面处理部分的内容）。

## 183. 装修时，先贴墙纸墙布还是先打扫卫生？

>> (解答) 粘贴墙纸墙布前，必须保持室内的干净整洁，避免弄脏墙纸墙布。因此，有必要先打扫卫生。

## 184. 墙纸墙布贴上墙后可以使用多少年？

>> (解答) 墙纸墙布是个半成品，贴上墙的墙纸墙布才是成品。所以，使用多少年完全取决于墙面情况和空间环境。没贴上墙的墙纸墙布，可以在合理的存放环境存放数十年，这完全没有问题。而粘贴上墙的墙纸墙布，如果墙面保持

干燥牢固，避免室内环境避免过于潮湿，避免温度快速反复变化，在这样比较正常的情况下，根据模拟实验结果，至少可以使用 15 年。在现实生活中，也时常遇到粘贴 10 年以上的墙纸，到现在保持得还很不错。

## 185. 玻璃可以贴墙纸墙布吗？

>> (解答) 完全可以。直接涂刷糯米胶，上墙粘贴就好。

玻璃上贴纸

## 186. 贴墙纸墙布的人工费怎么计算？

>> **解答** 因为墙纸墙布是个半成品，贴上墙后才算成品，所以墙纸墙布比绝大多数建筑装饰产品更加依赖施工，不同的施工师傅的技术技能，对墙纸墙布的粘贴效果影响之大，远超过行外人的预想。市场上贴墙纸墙布的人工费也因此差异很大，低端施工的人工费和高端施工的人工费相差很大。经常遇到这样一些情况，高端施工价格甚至超过低端施工价格十倍。

## 187. 南方装修适合贴墙纸墙布吗？

水分测量

>> **解答** 南方因雨水较多，空气湿度大，出现发霉的概率比北方大得多，但只要处理好墙体，也是完全可以贴墙纸墙布的。以下几点是非常关键的：

（1）墙体必须是干燥的，可使用水分测量仪测试，数值不能超过8（一般墙纸施工师傅都有这个仪器，可以用来判断墙体是否适合贴墙纸）。这就需尽量避免在梅雨天施工，选择天气晴朗的时间施工。

（2）装修时墙体防水一定要重点做，而且墙体内外防水都要做，防止后期墙体内水分渗出来。

（3）涂刷墙基膜。墙体防水做好后，腻子也批完了，之后涂刷墙基膜。墙基膜起到防潮抗碱的作用，贴墙纸必须用墙基膜，墙基膜干透后才能粘贴墙纸墙布。

（4）选择墙纸。选择透气性好的墙纸，相对于纯纸墙纸和PVC墙纸，无纺布墙纸透气性好。

（5）选择墙纸胶水及正确施工。在调胶时，尽量把胶水调浓一点，上薄一点，3—4个小时墙纸胶就干了。这样墙纸不仅不会发霉，也不会翘边、显缝，因为墙纸翘边、显缝很多时候都是胶水太稀或者胶水太厚造成的。这点要看施工师傅的水平了。

（6）墙纸正常贴好后，关窗3—5天，使墙纸阴干。当然在南方的梅雨季节，还是多少会出现墙纸表面发霉的现象。这段时间如果注意通风，使水分蒸发，可以有效避免。而经过前期的处理，大面积发霉、翘边等最担心的问题是不会出现了。

出于成本考虑放弃墙纸墙布的业主，基本是对墙纸墙布市场价格缺乏了解。近年市场上墙纸墙布品种繁多，价格差异也很大，低端市场出现一些零售价极低的产品，价格低得反而让买家犹豫。为什么不立即买？因为太便宜。

2017年某墙纸价格网络截图

## 188. 装修贴墙纸墙布和刷乳胶漆哪个划算？

>> 解答 更多的人选择墙纸墙布，都是出于装修效果和舒适度考虑。墙纸墙布图案多样，色彩丰富，装修时能够与房间的整体风格结合起来，加强视觉的丰富性和效果。

## 189. 装修时先装地板还是先贴墙纸墙布？

>> 解答 先装地板。包括门套、开关、踢脚线，一律要求先安装好。

190. 装修时先贴墙纸墙布还是先装窗帘？

>> **解答** 装修时一般都是先贴墙纸墙布，然后装窗帘。

先贴墙纸墙布的原因：如果先装窗帘的轨道，在轨道的底座或卡码处贴墙纸墙布的时候，会很难贴好，要么是一小块一小块的墙纸墙布修修补补，要么会有很大的缝隙。所以最好是先贴墙纸墙布。

装修的全部流程：前期设计—主体拆改—水电改造—木工—贴砖—厨卫吊顶—橱柜安装—木门安装—地板安装—散热器安装—开关插座安装—铺贴墙纸墙布—灯具安装—五金洁具安装—窗帘杆安装—拓荒保洁—家具进场—家电安装—家居配饰。这个流程在我国某些地域会有一些变动，但大体上不会大变。

有一句话可做参考：墙纸墙布，硬装最后一步，软装第一步。

191. 一个房间全部贴墙纸墙布大概要多少钱？

>> **解答** 10 m² 的卧室，墙面面积大概是 36—40 m²；一般的无纺布，按照 100 元一卷估算，一卷墙纸可以贴 4.5 m²，1 m² 的墙纸就是 22 元；加上墙基膜和人工费，大概是 35 元 / m²，最后就是 35 元 × 40 m²=1400 元。

如果购买 20 元一卷的低端墙纸或者 1000 元一卷的高端墙纸，也可算出大概费用。

如果购买 50 元 /m² 的墙布，加上对应产品档次的施工费，一般来说，一个 10m² 的卧室需要花费 2000 余元。

**192. 农村的房子能贴墙纸墙布吗?**

>> 解答 能不能贴墙纸墙布取决于两个因素: 一是该房子房间的用途, 二是墙体墙面情况。只要这两个因素达到要求, 就能贴墙纸墙布。

小山村住房的卧室客厅也可贴墙纸

**193. 卫生间和厨房能贴墙纸墙布吗?**

>> 解答 卫生间和厨房贴墙纸墙布的情况也有, 可以用防水墙纸墙布, 但常规做法就是镶瓷砖。原因如下:
(1)卫生间问题。卫生间有淋浴设备, 长期湿度较大, 贴墙纸墙布不适合。
(2)厨房由于做饭时有油烟, 容易污染墙纸墙布, 且不容易清理, 时间长了影响效果。

卫生间浴室干湿分区

194. 卧室贴墙纸墙布好吗？感觉很好看，但不知道有没有甲醛？

>> **解答** 卧室贴墙纸墙布是一个很好的选择，也是目前市场上卧室墙壁装饰的主流选择。墙纸墙布图案丰富，材质多样，它营造的细腻柔和的装饰效果，是其他室内墙面装饰材料无法达到的。

合格的墙纸墙布也很环保，产品生产所用的材料没有甲醛和其他VOC挥发性有害物质，耐污性和防水性也非常不错，只要施工规范，养护得当，并不容易破损霉变。

**图书在版编目(CIP)数据**

墙纸墙布施工百问百答 / 俞彬彬,詹国锋编著.
—杭州:浙江工商大学出版社,2019.3
  ISBN 978-7-5178-2718-4

  Ⅰ.①墙… Ⅱ.①俞… ②詹… Ⅲ.①室内装修一墙
面装修一墙壁纸一工程施工一问题解答 Ⅳ.①TU767－44

  中国版本图书馆 CIP 数据核字(2018)第 082030 号

# 墙纸墙布施工百问百答
## QIANGZHI QIANGBU SHIGONG BAIWEN BAIDA

俞彬彬　詹国锋　编著

| | |
|---|---|
| **责任编辑** | 刘淑娟　白小平 |
| **责任校对** | 饶晨鸣 |
| **封面设计** | 林朦朦　亓少卿 |
| **责任印制** | 包建辉 |
| **出版发行** | 浙江工商大学出版社 |
| | (杭州市教工路 198 号　邮政编码 310012) |
| | (E-mail:zjgsupress@163.com) |
| | (网址:http://www.zjgsupress.com) |
| | 电话:0571－88904980,88831806(传真) |
| **排　　版** | 杭州朝曦图文设计有限公司 |
| **印　　刷** | 杭州宏雅印刷有限公司 |
| **开　　本** | 710mm×1000mm　1/16 |
| **印　　张** | 10.25 |
| **字　　数** | 170 千 |
| **版 印 次** | 2019 年 3 月第 1 版　2019 年 3 月第 1 次印刷 |
| **书　　号** | ISBN 978-7-5178-2718-4 |
| **定　　价** | 68.00 元 |